"十三五"普通高等教育规划教材

高分子物理

姚金水　编著

U0343311

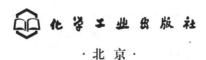

化学工业出版社

·北京·

本教材针对地方高校尤其是应用型地方高校的高分子材料与工程专业的本科生特点，主要针对高分子物理在高分子材料生产及加工中的实际应用进行编写，注重实用特色，删除现有教材中比较深奥的理论假设的部分内容，在概论部分增加了高分子科技发展史上的典型历史事件及其与教材后续讲授内容的联系，旨在让学生带着问题去学习，提高学生的学习兴趣，并选取多个高分子材料实际应用中的专题讲座对各个章节中讲授的内容以及整个高分子物理中多个知识点的综合应用进行剖析，真正达到理论联系实际的目的，变抽象的概念和内容为实际的应用，以加深学生的印象。

本书可作为高等学校高分子材料与工程专业教材，同时适用于材料化学、复合材料与工程、包装工程、印刷工程、化学、应用化学等专业，也可供从事高分子科研、生产的技术人员参考。

图书在版编目（CIP）数据

高分子物理/姚金水编著．—北京：化学工业出版社，2016.2（2022.2重印）

"十三五"普通高等教育规划教材

ISBN 978-7-122-25668-3

Ⅰ.①高…　Ⅱ.①姚…　Ⅲ.①高聚物物理学-教材　Ⅳ.①O631.2

中国版本图书馆 CIP 数据核字（2015）第 270848 号

责任编辑：王　婧　杨　菁　　　　　　　文字编辑：李锦侠
责任校对：王　静　　　　　　　　　　　装帧设计：关　飞

出版发行：化学工业出版社（北京市东城区青年湖南街 13 号　邮政编码 100011）
印　　装：北京印刷集团有限责任公司
787mm×1092mm　1/16　印张 10¼　字数 239 千字　2022 年 2 月北京第 1 版第 3 次印刷

购书咨询：010-64518888　　　　　　　售后服务：010-64518899
网　　址：http://www.cip.com.cn
凡购买本书，如有缺损质量问题，本社销售中心负责调换。

定　　价：29.00 元　　　　　　　　　　　　　　　　版权所有　违者必究

前 言

　　高分子物理是高分子材料与工程专业的主干专业基础课程，也是联系高分子化学和高分子材料加工的承上启下的课程。笔者在齐鲁工业大学从事高分子物理教学十多年，与山东省的多所地方高校相关专业的教师进行了深入的交流，深切感到地方应用型高校的高分子材料与工程专业亟需一本偏重于实用特色的高分子物理教材。本教材就是主要针对地方应用型高校的高分子材料与工程专业而编写的，特别偏重于实用特色。

　　本教材中，在概论部分增加了高分子科技发展史上的典型历史事件及其与教材后续讲授内容的联系，意在让学生带着问题去学习，提高学生的学习兴趣，将高分子分子量的定义也补入该部分，使学生一开始就对高分子这一重要概念有所了解。

　　针对地方高校偏重于应用研究的特色，摒弃了大多数理论假设，缩短了篇幅，以专题讲座的形式引入了大量高分子材料实际应用中用到的高分子物理的专业知识，真正达到理论联系实际的目的，变抽象的概念和理论为实际的应用实例，而且，这些专题内容与我们的日常生活等密切相关。

　　本教材在编写过程中得到了兄弟院校很多从事高分子物理课程教学老师的支持，如聊城大学、烟台大学、泰山医学院等，在此深表感谢，也得到了笔者所在的齐鲁工业大学材料学院高分子材料系很多教师的支持，乔从德、何福岩、刘钦泽等老师在课程内容上给予了无私的帮助，杨志洲老师帮助进行了仔细认真的校对，在此表示由衷的感谢。

　　由于本人水平有限，书中疏漏及欠妥之处实属难免，恳请读者指正。

姚金水

于齐鲁工业大学

2015 年 8 月

目 录

第1章

概　　论

1.1　高分子科学的发展历史

在很久以前，木材、棉、麻、丝绸、毛、纸、漆、皮革、橡胶和各种树脂等天然高分子材料都已经在人类的生活、生产中得到了广泛的应用，但是人们并不知道其化学结构，也并不知道它们都是高分子材料。

19世纪中叶以后，西方开始对一些天然高分子材料进行研究，主要是一些天然高分子材料的改性，典型的例子是橡胶硫化技术和硝酸纤维素的发明。真正从小分子出发合成高分子是20世纪以后的事情了，高分子科学的诞生经历了曲折的过程，可以说是一个难产儿，而高分子科学的发展则是突飞猛进的。

在高分子科学的创立和发展过程中有几个里程碑式的事件和人物是不应被我们忘记的。

1.1.1　高分子科学诞生以前的发展

1.1.1.1　天然橡胶及其硫化工艺

英国人把原产于巴西的橡胶树引种到了东南亚，使橡胶树得以推广，当时的橡胶主要用于制造防雨布、防雨鞋等，但是无法克服夏天发黏、冬天变脆的问题，难以真正推广应用。

1839年，美国人Goodyear（见图1-1）受当时钢铁工业发展的启示，开始尝试用各种化学品对橡胶进行改性，但是始终不太成功，包括用硫黄。后来一次偶然性的事故给他带来了成功，他在研究保存橡胶的方法时，不小心把橡胶和硫黄的混合物洒在了热火炉上，他把它刮起来，冷却后发现这东西再没有了黏性，而且还具有弹性，并且不再溶解。他沿着这条路线走下去，终于发明了橡胶的硫化技术

但是他本人并没有获得好处，为了获得专利权他打了好几年的官司，身背20多万美元的债务，穷困交加，死于1860年。

图 1-1 Goodyear

他死后，官司胜诉，1898 年，美国建立了第一家汽车轮胎公司，为了纪念"Goodyear"，该公司就以其名字作为商标，至今仍然是世界上最大的轮胎生产企业，中文一般翻译为"固特异"轮胎。也正是由于他的贡献，所有橡胶的交联技术统称为"硫化"，不管用不用硫黄。

橡胶的硫化到底是怎么回事呢？为什么硫化的橡胶才具有高弹性呢？在后续课程中将会找到答案。

1.1.1.2 赛璐珞和赛璐玢

瑞士科学家舍拜恩是一个实验迷，他除了在实验室进行实验以外，还把实验室搬到了自己的厨房。一次实验时，他不小心将盛有浓硝酸和浓硫酸混酸的烧瓶打破，酸液流到了地上，他顺手拿起夫人的围裙擦掉了酸液，并用水冲洗后，开始在火炉上烘烤，结果围裙在没有很干的情况下突然着了火，这令舍拜恩非常震惊。他开始设计实验让纤维素和硝

图 1-2 Hyatt

酸/硫酸反应，他通过实验发现是硝酸与纤维素发生了反应，而硫酸只是催化剂，由此他发明了硝酸纤维素。它极易燃烧，剧烈燃烧可以发生爆炸，而且基本没有烟，逐渐代替了黑火药成为炸药，被称为火棉炸药。当时，欧洲很多国家建立了火棉炸药的生产企业，但是硝酸纤维素太容易燃烧了，引发了很多爆炸事故，损失惨重，它在炸药方面的应用逐渐被遗弃。

当时美国的贵族们流行打台球，台球最初由象牙制造，价格昂贵，同时来源受到极大限制，有一家公司出资 1 万美元悬赏寻找制造台球的原料。Hyatt（见图 1-2）将樟脑等掺入硝酸纤维素发明了赛璐珞，樟脑作为增塑剂加入硝酸纤维素用于代替了象牙制造台球，获得了 1 万美元的奖金，电影胶片、玩具等很多制品都开始由赛璐珞制造，但是由于它

极易燃烧，慢慢被淘汰，后来醋酸纤维素赛璐玢代替了赛璐珞，其燃烧性和脆性大大下降，可以制造薄膜和纤维。两种改性纤维素性质上的差别以及其不同的用途在本教材中也可以找到答案。

1.1.1.3 酚醛树脂的发明

20 世纪初，随着电器工业的发展，需要大量的绝缘材料，当时的绝缘材料是虫胶，一种产于东南亚的紫胶虫的树脂分泌物，但是其产量远远不能满足需求，仅美国年需虫胶量就需要 150 亿只紫胶虫，因此寻找虫胶的替代物成为了科学家研究的热点。

1907 年，德国科学家 Baekeland（见图 1-3）为了寻找虫胶的替代物，在查阅科技文献时注意到，诺贝尔奖获得者，"染料化学"之父 Bayer 曾经报道，苯酚和甲醛反应容易生成一种黏稠的液体，可以固化，牢牢粘于瓶底，其原意是提醒人们如何避免这种现象的出现，以免造成反应瓶报废，但是 Baekeland 反其道而行之，开始设计实验来进行苯酚和甲醛的反应，最终发明了酚醛树脂，可以完全代替虫胶作绝缘材料，这是第一个真正的人工合成高分子材料。

图 1-3　Baekeland

Baekeland 发明酚醛树脂后，又通过加入木粉而发明了电木，解决了酚醛树脂的增强问题，从而使得酚醛树脂至今仍在广泛应用。而高分子材料的增强也是以后要讲授的内容。

1.1.2　高分子学说的建立

1920 年，39 岁的 Staudinger（见图 1-4）开始致力于当时称为"大分子"的化合物的

图 1-4　Staudinger

研究，发表了其划时代的文献"论聚合"，标志着高分子科学的建立。当时他在苏黎世联邦工学院工作，许多著名的化学家和科学家对他的学说嗤之以鼻，当时盛行的学说是"胶体说"，也就是认为所谓的高分子实际上是一些难以用化学方法和物理方法分离的结构非常相似的化合物的混合物。在 1925 年的胶体会议上，Staudinger 与其他科学家展开了大论战，站在他对面的有好几位诺贝尔化学奖得主，最后，他不得不引用了马丁路德金的演说名言：我站在这里，我别无选择。经过多年的不懈努力，在 1930 年法兰克福的胶体化学年会上，长链分子概念获得了决定性的胜利，被绝大多数科学家所接受，标志着高分子科学被科学家所承认，但是直到 20 世纪 30 年代末期，才被大众所接受。由于 Staudinger 卓越的贡献，他获得了 1953 年的诺贝尔化学奖。

坚持真理，不为权威所动，不懈努力是科学家必备的精神。正是 Staudinger 解决了

高分子结构的问题，才有了高分子学说的建立，也才有了高分子材料蓬勃发展的今天。

可见从 Goodyear 到 Staudinger，高分子学说的创立是一个多么曲折、艰难、充满传奇甚至带有悲剧色彩的过程啊。

1.1.3 高分子科学诞生后的发展史上的重要事件

1.1.3.1 缩聚反应和 Carothers

合成纤维的发明是有其历史背景的，当时的美国对蚕丝的需求量很大，蚕丝的主要供应商是日本和中国，但是当时的中国受列强的侵略，百业萧条，因此，日本成为最主要的蚕丝供应商，当时美日关系紧张，虽然当时的黏胶纤维很像蚕丝，但是仅光泽与蚕丝相像，其弹性、纤细度等都不如蚕丝，因此，美国致力于蚕丝代替物的开发研究。

1928 年，32 岁才华横溢的 Carothers（见图 1-5）被任命为杜邦公司研发的总负责人，他们不注重眼前的利益，而是开始进行新的长时期的研究，人们将他们的实验室称为纯科学楼。

图 1-5　Carothers

他们首先研究的是脂肪族二醇和二酸的缩聚反应，由于熔点太低，1934 年其改用脂肪族二胺代替二醇合成出了尼龙-66，但是工业化实验并不太成功，极度痛苦的 Carothers 承受了巨大的精神负担和心理压力，又由于其姐姐去世的双重打击，Carothers 于 1937 年春天自杀，未能享受到成功的快乐。很多人认为这是一次代价高昂的赌注，因为杜邦公司在先后将近十年的时间里投入了 300 多人进行研究，耗资 2700 多万美元，也有一些人断言，合成纤维如果不与天然纤维混合，不可能有什么用途。但是 1937 年底，杜邦公司就成功开发出了工业化的尼龙-66，1940 年 5 月上市，抢购一空。每年可以为该公司带来近 5 亿美元的销售收入。尤其是在第二次世界大战期间，其产品全部被美国军方收购用于制造降落伞。而后英国帝国化学公司改用芳香族二酸（如对苯二甲酸）代替己二酸成功开发出了涤纶纤维。尼龙-66 和涤纶树脂可以作为纤维材料，而 Carothers 一开始合成的脂肪族聚酯却无法作为纤维材料使用，这是为什么呢？这是由后续高分子柔顺性等结构方面的问题决定的。

如果才华横溢的 Carothers 再坚持半年，他就会看到他的成果给世人带来了巨大的利益，他也必将是诺贝尔奖的获得者。

1.1.3.2　缩聚反应理论的完善、高分子溶液理论的创立和分子量的测定

Flory（见图 1-6）是 Carothers 的助手和学生，他在老师自杀身亡后，离开了杜邦公司到大学去工作，继续其老师未完成的事业，他继承和发展了 Carothers 的理论，将物理、数学和量子化学的方法引入到高分子科学的研究中，完善了其缩聚反应的理论，这成为高分子化学最主要的内容之一。尤其是高分子溶液理论方面的研究工作，取得了巨大的成功，并于 1974 年获得了诺贝尔化学奖，如果 Carothers 地下有知，他也该瞑目了。而 Flory 的高分子溶液理论是高分子物理的主要研究内容，可以说他奠定了高分子物理的理论基础。

图 1-6　Flory

1.1.3.3　配位聚合和 Ziegler-Natta 催化剂

Ziegler（见图 1-7）和 Natta（见图 1-8）是完全不同性格的两个人，Ziegler 是德国人，最先开始配位聚合研究，并成功合成出了高密度聚乙烯，但是他喜欢纯基础研究，不想与工厂合作，害怕被迫改变自己的研究方向，而 Natta 则不同，他与蒙特卡蒂尼公司合作，获得了充足的研究资金，他听了 Ziegler 的相关报告后开始致力于这方面的研究，并派人到其研究机构学习过很难进行操作的易燃易爆的烷基铝的操作工艺，并促成了 Ziegler 与其所在公司的合作。他利用 Ziegler 发明的催化剂从事聚丙烯的研究，本意是合成橡胶，而 Ziegler 也在进行这方面的研究，当 Ziegler 研究出来以后打算转让给蒙特卡蒂尼公司，才被告知，Natta 早已经成功申请了专利，为此二人产生了矛盾。直到二人共同获得了诺贝尔化学奖，做到同一张桌子旁，他们才化干戈为玉帛，重新言归于好。

图 1-7　Ziegler

图 1-8　Natta

在诺贝尔奖获得者中，他们二人应该是典型代表，因为他们既从理论上发展了配位聚合理论，又通过工业化产生了巨额的经济效益，他们所开发的聚乙烯和聚丙烯是世界上产量占第一位和第三位的高分子材料，可以说他们一个口袋里装满了财富，另一个口袋里赚满了荣誉。等规聚丙烯的开发的本意是合成一种橡胶，但是它却是性能优良的塑料，这是

为什么呢，我们将在后续的课程中找到答案。

1.1.3.4　高分子的化学反应——功能高分子的发展

图 1-9　Merrifield

1959 年 5 月，美国生物学家 Merrifield（见图 1-9）开始致力于固相肽合成方面的研究工作，他以聚苯乙烯为原料，通过氯甲基化反应合成出氯甲基化聚苯乙烯，将第一个氨基酸固定在该不溶性固体上，其他氨基酸随后便可一个接一个地连于固定端，顺序完成后所形成的链即可轻易地与固体分离。这一过程可利用机器操作，经证明效率很高。他对高分子化学中高分子的反应部分以及功能高分子的发展做出了突出贡献，也大大简化了多肽合成的步骤，至今，氯甲基化聚苯乙烯树脂被称为 Merrifield 树脂，他于 1984 年获得了诺贝尔化学奖。

1.1.3.5　液晶高分子

图 1-10　Pierre-Gilles de Gennes

Pierre-Gilles de Gennes（见图 1-10）是从事高分子化学研究的化学家，由于其在液晶高分子方面做出的贡献获得了 1991 年的诺贝尔物理学奖，并提出了"软物质"的概念，成为近年来科学研究的热点问题。目前液晶显示技术和液晶纺丝技术已经广泛应用，这是物理学与化学学科交叉所获得的突破之一。液晶高分子的结构特点及其独特的性质决定了其用途，这也可以在后续的课程中找到答案。

1.1.3.6　导电高分子的发展

大家知道，第一次人工合成的高分子材料就是为了绝缘，而且，人们一般认为高分子材料就是绝缘材料，但是 Heeger（见图 1-11）、Macdiarmid（见图 1-12）和 Shirakawa（见图 1-13）却致力于导电高分子的研究，20 世纪 70 年代，Shirakawa（白川英树）在日

图 1-11　Heeger

图 1-12　Macdiarmid

图 1-13　Shirakawa

本筑波大学开始从事聚乙炔的合成研究，可是一直不太成功，后来他的一个研究生在做实验时加错了料，结果合成出了聚乙炔，而且其导电性很好。后来，他到了美国，继续从事导电高分子研究，并与 Macdiarmid 和 Heeger 进行精诚合作，获得了巨大的成功，合成了聚乙炔、聚苯胺、聚苯等，于 2000 年获得了诺贝尔化学奖。困扰导电高分子应用的最大问题是其加工问题，这是为什么呢，这同样可以在教材中找到答案。

1.2　高分子科学的分支及高分子材料的重要性

1.2.1　高分子科学的分支及其研究内容

高分子科学作为一门独立的学科，包括高分子化学、高分子物理和高分子工程三个相对独立又相互联系的基础学科，其中高分子化学研究高分子的合成及高分子的反应；高分子物理研究高分子的结构与性能；高分子工程研究高分子材料的加工和聚合物反应工程。

1.2.2　高分子材料的重要性

高分子材料作为地球上最年轻的材料，已经渗透到了人们日常生活的各个领域，发挥着不可替代的作用。

高分子材料约占飞机总重的 65％，汽车总重的 18％，论体积已经远远超过金属，而且这一比例还在不断增加，高分子材料为这些运输工具的轻量化从而为节约能源做出了卓越贡献。在信息产业领域，正是由于感光树脂这一功能高分子材料的发展才有了大规模集成电路的制造，从而使得计算机体积越来越小的同时，计算速度和存储量却越来越大。在人类日常的衣食住行等方面，高分子材料也在不断改变着人们的生活。正是由于塑料大棚的出现，才使得我们一年四季都能吃到新鲜的蔬菜，完全改变了过去北方冬天只能吃白菜萝卜的历史；过去人们常用"三天打鱼，两天晒网"来比喻做事不认真，可这也正是当时渔民生活的写照，正是由于尼龙这种轻质而又高强材料做的渔网代替了棉质渔网以后，才彻底改变了渔民的生活；合成纤维织物的出现改变了人们的穿着习惯，各种橡胶轮胎的出现使运输工具跑得越来越快；聚氨酯发泡材料代替了笨重、不透气的石膏成为骨固定材料，实现了"轻如纸、硬如铁、透气、透汗"的目的，大大减轻了骨折病人的痛苦；水性丙烯酸酯涂料美化了我们的家居生活，等等。

1.3　高分子物理课程的重要性

我们日常见到的高分子材料，有的非常硬，有的非常软；有的透明性可比玻璃，有的呈乳白色；有的很脆，有的比钢铁还要强；虽然绝大多数是绝缘材料，但是有的却导电；

有的材料夏天很软，冬天则很硬，甚至会割破手；有的很容易溶解于溶剂，有的很难找到溶剂；有的可以制作涂料、黏结剂，有的则根本无法黏结；有的一拉就断，有的则伸长几十倍都没问题，等等，这些我们日常生活中经常遇到的问题，用高分子物理的知识都能得到合理的解释，结构决定了性能。

1.4　高分子的定义、基本概念、分类

1.4.1　高分子的定义

高分子是由许多结构单元相同的小分子化合物通过化学键连接而成的相对分子质量很高的化合物，其相对分子质量一般要大于 10000。而小分子的相对分子质量一般小于 1000，处于二者之间的化合物有可能是小分子，也有可能是高分子，称为低聚物或者齐聚物。绝大多数的合成高分子和天然高分子是通过共价键结合的，通过离子键和配位键等结合的高分子较少，但是配位高分子是一类新兴的高分子，对它的研究方兴未艾。

英文中，高分子有两个词，即 polymer 和 macromolecule。前者又叫做高聚物或者聚合物，后者又可翻译为大分子。

1.4.2　高分子的基本概念

（1）单体（monomer）

合成高分子所用的小分子原料，如聚乙烯的单体是乙烯，尼龙-66 的单体是己二酸和己二胺。

（2）重复单元（constitutional repeating unit）

高分子链上化学组成和结构均可重复的最小单位。

（3）结构单元（structural unit）

由一种单体通过聚合反应进入聚合物重复单元的部分。

（4）单体单元（monomer unit）

与单体化学组成相同，只是化学结构不同的结构单元。

（5）聚合度（degree of polymerization）

聚合物分子中，结构单元的数目。

（6）主链（main chain）

构成高分子的骨架结构

（7）侧链或者侧基（side chain or side group）

连接在主链原子上的原子或者原子团，较小时叫做侧基，较长时叫侧链。

下面分别以聚氯乙烯和聚对苯二甲酸乙二酯为例加以说明。

聚氯乙烯由一种单体氯乙烯聚合而成，其结构单元、重复单元和单体单元是相同的，聚合度为 n，主链为碳链，氯原子则是侧基。

$$\begin{bmatrix} CH_2 - CH \\ | \\ Cl \end{bmatrix}_n$$

结构单元
重复单元
单体单元

如果高分子是由两种或者两种以上单体聚合而成，则其重复单元由不同的结构单元组成，而无单体单元。其主链由碳和氧原子构成，侧基有氧原子。

$$\begin{bmatrix} O & O \\ \| & \| \\ C - \bigcirc - C - OCH_2CH_2O \end{bmatrix}_n$$

结构单元   结构单元

重复单元

1.4.3 高分子的分类

高分子的分类法很多，一般按照主链结构和用途分类。

1.4.3.1 根据高分子主链结构分类

根据高分子主链的结构，可将高分子化合物分为碳链聚合物、杂链聚合物、元素有机聚合物三种。

碳链聚合物的主链全部由碳元素组成，侧基上可有其他元素。例如聚乙烯、聚丙烯、聚氯乙烯、聚苯乙烯、聚甲基丙烯酸甲酯等。

杂链聚合物的主链上以碳元素为主，但存在其他元素，如 O、N、S、P 等杂元素。如尼龙、聚酯、聚氨酯、聚碳酸酯等。

元素有机聚合物的主链上没有碳元素，一般由 Si、B、N、P、Ge 和 O 等元素组成，但侧链上含有有机基团。例如有机硅聚合物，聚二甲基硅氧烷的主链由硅氧键构成，侧基是甲基基团。

$$\begin{bmatrix} CH_3 \\ | \\ Si - O \\ | \\ CH_3 \end{bmatrix}_n$$

1.4.3.2 根据高分子的用途分类

根据高分子的实际用途，可将其分为塑料、橡胶、化学纤维、涂料、黏合剂和功能高分子六大类。

橡胶具有良好的延伸性和回弹性，弹性模量较低；化学纤维在外观上为纤维状，弹性模量很高，对温度的敏感性较低，尺寸稳定性良好。重要的化学纤维高分子有涤纶树脂、尼龙、聚丙烯腈、聚氨酯等；塑料的性能一般介于橡胶和化学纤维之间，是产量最大的高分子材料。

涂料的基本特点是在一定条件下能成膜，对基材起到装饰和保护作用。大部分高分子均可用作涂料。重要的涂料高分子有：聚丙烯酸酯、聚酯树脂、氨基树脂、聚氨酯、醇酸树脂、酚醛树脂、有机硅树脂等。

黏合剂的特点是对基材有很高的黏结性，通过其可将不同材质的材料黏合在一起。重要的黏结剂高分子有：环氧树脂、聚醋酸乙烯酯、聚丙烯酸酯、聚氨酯、聚乙烯醇等。

功能高分子包含了一大批高分子类型。它们是一些具有特殊功能的高分子，如导电性、感光性、高吸水性、高选择吸附性、药理功能、医疗功能等，是近年来高分子研究中最活跃的领域。

1.4.3.3　根据高分子受热后的形态变化分类

根据受热后发生的形态变化，可将高分子化合物分为热塑性高分子和热固性高分子两大类。

热塑性高分子在受热后会从固体状态逐步转变为流动状态。这种转变理论上可重复无穷多次。或者说，热塑性高分子是可以再生的。聚乙烯、聚丙烯、聚氯乙烯、聚苯乙烯和涤纶树脂等均为热塑性高分子。目前，绝大多数高分子化合物为热塑性高分子。

热固性高分子在受热后先转变为流动状态，进一步加热则转变为固体状态。这种转变是不可逆的。换言之，热固性高分子是不可再生的。能通过加入固化剂使流体状转变为固体状的高分子，也称为热固性高分子。典型的热固性高分子如：酚醛树脂、环氧树脂、氨基树脂、不饱和聚酯、硫化橡胶等。

有的高分子材料既可以是热塑性的，也可以是热固性的，如聚氨酯。

1.4.3.4　按照聚合反应方式分类

分为加聚物和缩聚物两类。

1.4.3.5　按照来源分类

分为天然高分子、半合成高分子（改性天然高分子）和合成高分子三类。

1.4.3.6　按照分子形状分类

分为线形高分子、支化高分子和交联高分子三类。

1.4.3.7　按照单体组成分类

分为均聚物、共聚物和高分子共混物。

1.5　高分子的分子量[①]及其分布

小分子化合物没有机械强度，而高分子通常具有较高的力学强度。显然，材料的力学性能随着分子量的增加逐渐提高。也正是由于高分子化合物的分子量比较大，才表现出各

---

❶　指相对分子质量，全书同。

种优异的力学性能，从而成为一类发展迅速的合成材料。

一些高分子材料的分子量见表1-1。

表1-1　一些高分子材料的分子量

塑料	分子量/$\times 10^4$	纤维	分子量/$\times 10^4$	橡胶	分子量/$\times 10^4$
HDPE	6～30	涤纶	1.8～2.3	天然橡胶	20～40
PVC	5～15	尼龙-66	1.2～1.8	丁苯橡胶	15～20
PS	10～30	维尼纶	6～7.5	顺丁橡胶	25～30
PC	2～6	纤维素	50～100	氯丁橡胶	10～12

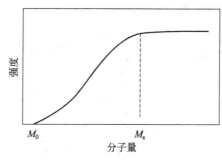

图 1-14　高分子分子量与强度的关系

对于高分子材料的机械强度等物性，存在一个临界分子量 M_0，超过该值时开始出现强度，当分子量达到 M_s 时，强度与分子量的关系就不大了，基本维持一个定值，分子量在 M_0 和 M_s 之间时，强度随分子量的增加而增加。图 1-14 说明了这种关系。

一些典型高分子的 M_0 和 M_s 值列于表 1-2 中。

表1-2　一些典型高分子的 M_0 和 M_s 值

高分子	M_0			M_s		
	平均分子量	平均聚合度	平均链长/nm	平均分子量	平均聚合度	平均链长/nm
尼龙-66	6000	50	40	24000	200	160
PET	8000	70	42	30000	250	160
PAN	15000	300	85	45000	900	255
PVA	15000	300	85	45000	900	255
纤维素	2000	130	65	75000	500	250
PVDC	25000	250	65	75000	750	200
PS	60000	600	150	300000	3000	750

1.5.1　聚合物分子量的统计意义

聚合物的分子量具有两个特点：一是其分子量比小分子高几个数量级；二是除了有限的几种蛋白质以外，绝大多数聚合物的分子量都是不均一的，具有多分散性。因此聚合物的分子量只有统计意义，用实验方法测得的分子量只是具有统计意义的平均值。

假定某聚合物试样的总质量为 m，总摩尔数为 n，不同分子量分子的种类数为 i，第 i 种分子的分子量为 M_i，其摩尔数为 n_i，质量为 m_i，占整个试样的摩尔分数为 x_i，质量分数为 w_i，则这些量之间有如下关系：

$$\sum_i n_i = n \; ; \quad \sum_i m_i = m \; ; \quad \frac{n_i}{n} = x_i \; ; \quad \frac{m_i}{m} = w_i \quad \sum_i x_i = 1 \; ; \quad \sum_i w_i = 1$$

1.5.2 平均分子量

聚合物常用的平均分子量有下列几种。

1.5.2.1 数均分子量

以数量（摩尔数）统计的平均分子量，定义为：

$$\overline{M}_n = \frac{m}{n} = \frac{\sum\limits_i n_i M_i}{\sum\limits_i n_i} = \sum_i x_i M_i$$

还可以定义为：

$$\overline{M}_n = \frac{m}{n} = \frac{\sum\limits_i m_i}{\sum\limits_i \frac{m_i}{M_i}} = \frac{1}{\sum\limits_i \frac{w_i}{M_i}}$$

1.5.2.2 重均分子量

以质量统计的平均分子量，又叫做质均分子量，定义为：

$$\overline{M}_w = \frac{\sum\limits_i n_i M_i^2}{\sum\limits_i n_i M_i} = \frac{\sum\limits_i x_i M_i^2}{\sum\limits_i x_i M_i} = \frac{\sum\limits_i m_i M_i}{\sum\limits_i m_i} = \sum_i w_i M_i = \frac{\sum\limits_i x_i M_i^2}{\overline{M}_n}$$

1.5.2.3 Z均分子量

以 Z 量统计的平均分子量，Z 定义为：$Z_i \equiv M_i m_i$，则

$$\overline{M}_Z = \frac{\sum\limits_i n_i M_i^3}{\sum\limits_i n_i M_i^2} = \frac{\sum\limits_i x_i M_i^3}{\sum\limits_i x_i M_i^2} = \frac{\sum\limits_i m_i M_i^2}{\sum\limits_i m_i M_i} = \frac{\sum\limits_i w_i M_i^2}{\sum\limits_i w_i M_i} = \frac{\sum\limits_i Z_i M_i}{\sum\limits_i Z_i} = \frac{\sum\limits_i w_i M_i^2}{\overline{M}_w} = \frac{\sum\limits_i x_i M_i^3}{\overline{M}_w \cdot \overline{M}_n}$$

1.5.2.4 黏均分子量

用稀溶液黏度法测得的平均分子量，定义为：

$$\overline{M}_\eta = \left[\sum_i w_i M_i^\alpha \right]^{1/\alpha}$$

这里的 α 为 Mark-Houwink 方程中的参数，当 $\alpha = 1$ 时，$\overline{M}_\eta = \overline{M}_w$；当 $\alpha = -1$ 时，$\overline{M}_\eta = \overline{M}_n$；通常 α 介于 0.5～1 之间，因此，$\overline{M}_\eta$ 介于 $\overline{M}_n$ 和 $\overline{M}_w$ 之间，更接近于 $\overline{M}_w$。

可以证明：

$$\overline{M}_n < \overline{M}_\eta \leqslant \overline{M}_w < \overline{M}_Z$$

只有当分子量完全均一时，这四种平均分子量才会完全相等。聚合物中低分子量部分

对数均分子量影响较大，而高分子量部分对重均分子量影响较大，一般情况下，用重均分子量来表征高聚物更恰当，因为高分子材料的性能更多地依赖于较大的分子。

1.5.3　聚合物分子量的分布

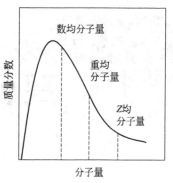

图 1-15　高分子分子量分布曲线

　　绝大多数聚合物的分子量具有多分散性，它可以用多分散性系数 d 表示，它是重均分子量与数均分子量的比值，d 值越大，聚合物分子量的分布越宽，当分子量完全均一时，其值为 1。

$$d = \overline{M}_w / \overline{M}_n$$

　　多分散性可以进一步用分子量分布曲线（各级分子质量分数对分子量作图）来更准确地体现。图 1-15 表示了高分子的分子量分布情况和各平均分子量在分子量分布曲线上的位置。

■■■■ 思考题与习题 ■■■■

1. 请证明 $\overline{M}_n = \dfrac{1}{\sum\limits_i \dfrac{w_i}{M_i}}$ 。

2. 请证明 $\overline{M}_w = \dfrac{\sum\limits_i x_i M_i^2}{\overline{M}_n}$ 。

3. 请证明 $\overline{M}_Z = \dfrac{\sum\limits_i w_i M_i^2}{\overline{M}_w} = \dfrac{\sum\limits_i x_i M_i^3}{\overline{M}_w \cdot \overline{M}_n}$ 。

4. 已知一个聚合物试样由三种单分散聚合物混合而成，其摩尔质量分别为 $1.5 \times 10^4\,\mathrm{g/mol}$、$2 \times 10^4\,\mathrm{g/mol}$ 和 $3 \times 10^4\,\mathrm{g/mol}$，各个组分的摩尔分数分别为 0.2、0.3 和 0.5，分别计算该聚合物的各种平均分子量。如果各个组分的质量分数分别为 0.2、0.3 和 0.5，再分别计算其各种平均分子量。

5. 已知一个聚合物试样由三种单分散聚合物混合而成，分子量分别为 1.5×10^4、2.5×10^4 和 3.5×10^4，其数均分子量和重均分子量分别为 2×10^4 和 3×10^4，分别计算各个组分的摩尔分数和质量分数。

第2章
高分子的链结构

高分子均为相当大数目的结构单元键合而成的长链状分子，其中一个结构单元相当于一个小分子；一般高分子的主链具有一定的内旋转自由度，也就存在不同程度的柔性；分子链之间又存在非常复杂的相互作用。这些结构的特点反映出高分子的结构较之小分子来说要复杂得多。

高分子的结构分为链结构和凝聚态结构（又称为聚集态结构）两部分。其中链结构是单个高分子链的结构和形态；凝聚态结构是指高分子链聚集在一起形成的高分子材料本体的内部结构。其详细内容如图 2-1 所示。

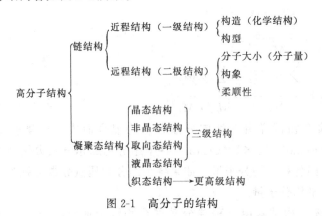

图 2-1　高分子的结构

2.1　高分子链的近程结构

2.1.1　结构单元的化学组成

① 按高分子主链组成分为以下几类。

碳链高分子：主链完全由 C 原子构成，例如聚烯烃，如 PE、PP、PVC、PS、PMMA 等。

杂链高分子：主链由 C、O、N、S 等原子构成，如 PET、PA、PU 等。

元素高分子：主链没有碳原子，由 Si、P、B、Al、As 等与 O 组成，该类高分子具有无机物的热稳定性和有机物的弹性、塑性。如 PDMS 等。

通常一般的高分子都呈线形结构，有时，高分子的主链呈梯形（环形）结构。

$$(2-1)$$

式（2-1）为由聚丙烯腈环化制备碳纤维。

$$(2-2)$$

式（2-2）为半梯形聚酰亚胺。

$$(2-3)$$

式（2-3）为全梯形聚酰亚胺。

② 端基对聚合物性能的影响很大，尤其是分子量比较小时。高分子链的端基取决于聚合过程中链的引发和终止机理。端基可以来自于单体、引发剂、溶剂或分子量调节剂。

端基对聚合物热稳定性影响很大，链的断裂可以从端基开始，所以有些高分子需要封端，以提高耐热性。

聚甲醛的端羟基以酯化封端，耐热性得到显著提高。

$$n\,HCHO \longrightarrow HO\!\!-\!\!(CH_2O)_{\!n}\!\!-\!\!H \xrightarrow{CH_3COCl} CH_3COO\!\!-\!\!(CH_2O)_{\!n}\!\!-\!\!OCCH_3 \qquad (2-4)$$

式（2-4）为聚甲醛的封端。

聚碳酸酯的端羟基和酰氯基，可以用苯酚封端，苯酚作为单官能团的单体既可以控制分子量，又可以提高耐热性。

$$(2-5)$$

式（2-5）为聚碳酸酯的封端。

2.1.2 键接结构

① 键接结构指结构单元在高分子链中的连接方式。对于缩聚和开环聚合，结构单元的连接方式是固定的，而对于加聚反应，可以分为头-尾、头-头和尾-尾连接的不同方式，对于共轭双烯存在1,2-和1,4-加成及顺反异构。例如单烯类单体（CH_2=CHR）的头—头（尾—尾）键接 —CH_2—CH—CH—CH_2—CH_2—CH—CH_2— 和头—尾键接
　　　　　　　　　　　　　　　　　　　　　　　　　|　|　　　　　|　|
　　　　　　　　　　　　　　　　　　　　　　　　　R　R　　　　R　R

—CH_2—CH—CH_2—CH—CH_2—CH—CH_2—CH— 。
　　　　|　　　　　|　　　　　|　　　　　|
　　　　R　　　　R　　　　R　　　　R

② 在加聚反应过程中，绝大多数是头—尾键接，但因产物不同，也存在数量不等的头—头（尾—尾）键接方式，而且离子聚合反应中，产生这种现象较自由基聚合少。

聚醋酸乙烯酯就含少量头—头键接，以它水解制备 PVA，再制维尼纶时，就会有少量羟基不发生缩醛化反应，造成缩水。

图 2-2 所示为聚乙烯醇缩甲醛的制备反应。

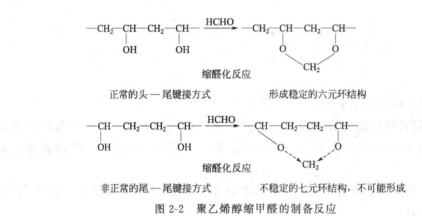

图 2-2　聚乙烯醇缩甲醛的制备反应

2.1.3 支化与交联

① 一般高分子都是线形的，在受热或受力情况下分子间可以互相移动，可以溶解和熔融，易于加工成型。

② 如果在自由基聚合反应中发生链转移反应，则会生成支化高分子，支化高分子的化学性质与线形分子相似，但支化对力学性能有时影响很大，如 LDPE（低密度聚乙烯），由于支化破坏了结晶，机械强度低，常被用于薄膜；而 HDPE（高密度聚乙烯），线形分子，结晶度高，硬度高，可做瓶、管、棒等。

③ 高分子链之间通过支链连接成三维网状结构即为交联结构，它不溶不熔，与支链高分子有本质区别。热固性的塑料和硫化的橡胶都是交联高分子。在缩聚反应中加入三官能团单体或者在加聚反应中加入含有两个双键的交联剂时，都会生成交联高分子。

Goodyear 发明的天然橡胶的硫化技术是使聚异戊二烯分子之间产生多硫键（硫桥）。

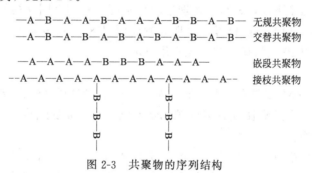

$$\sim CH_2-C=CHCH_2\sim \quad \xrightarrow{S} \quad \sim CH-C=CH-CH_2\sim \qquad (2-6)$$

式（2-6）为天然橡胶的硫化。

未经硫化的橡胶，分子之间容易滑动，受力后会永久变形，不能回复原状，没有使用价值，由于 Goodyear 一开始使用的是硫黄，因此称为硫化，以后所有的橡胶都需要进行适度交联，无论采用何种交联剂，统称为硫化。

又如聚乙烯，虽然熔点在 125℃ 以上，但是在 100℃ 以上就会发软，经过辐射交联或者化学交联后，可以使其软化点和强度大幅度提高，可以用于电气接头、电缆和电线的绝缘套管、暖气循环用管等。

2.1.4　共聚物的结构

① 由两种或者两种以上单体单元所组成的聚合物称为共聚物，按其连接方式分为无规共聚物（统计共聚物）、交替共聚物、嵌段共聚物和接枝共聚物四种。以 A、B 两种结构单元的共聚物为例，见图 2-3。

—A—B—A—A—B—A—A—B—A—B—　无规共聚物
—A—B—A—B—A—B—A—B—A—B—　交替共聚物

—A—A—A—A—B—B—B—A—A—A—　嵌段共聚物

--A—A—A—A—A—A—A—A—A—A--　接枝共聚物
　　　　　|　　　　　　|
　　　　　B　　　　　　B
　　　　　|　　　　　　|
　　　　　B　　　　　　B
　　　　　|　　　　　　|
　　　　　B　　　　　　B

图 2-3　共聚物的序列结构

② 不同的共聚物组成对材料性能的影响各不相同。无规共聚物的性质与均聚物差别很大。例如 PE、PP 均为塑料，而其共聚物则是橡胶（乙丙橡胶）；PTFE 是不能熔融加工的塑料，而其与六氟丙烯的共聚物则是热塑性塑料。

③ 为了改善高聚物的性能，往往采取共聚，使产物兼有几种均聚物的优点。如 PMMA 是塑料，性能与 PS 类似，但由于酯基极性强，高温流动性差，不能注塑成型，如果与少量苯乙烯共聚，则可以明显改善高温流动性；ABS 树脂是丙烯腈、丁二烯和苯乙烯的三元共聚物，兼具三者特点，丙烯腈使之耐化学腐蚀、提高抗张强度和硬度；丁二烯使之具有橡胶的韧性，提供抗冲击强度；苯乙烯提供高温流动性，便于加工，并改善制品外观。因此，ABS 是性能优良的热塑性塑料。

2.1.5　高分子链的构型

构型是对分子中的最邻近原子间相对位置的表征，即：分子中由化学键所固定的原子在空间的几何排列，包括以下两种。

1. 旋光异构

对于—CH₂—CHR—型的聚烯烃，每一结构单元中有一个手性碳原子，其构型分为三种：全同立构、间同立构和无规立构（见图 2-4）。其中全同立构高分子全部由一种旋光异构单元键接而成，分子链结构规整，可结晶；间同立构的高分子由两种旋光异构单元交替键接而成，分子链结构规整，可结晶；无规立构的高分子由两种旋光异构单元无规键接而成，分子链结构不规整，不能结晶。

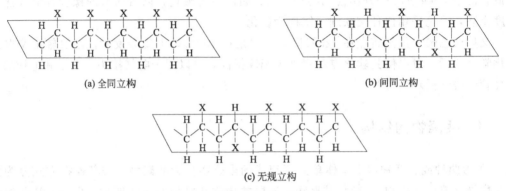

(a) 全同立构   (b) 间同立构

(c) 无规立构

图 2-4 聚合物的立体构型

高分子的立体构型不同，材料的物理性能也不同，例如全同立构的 PS 能够结晶，熔点 240℃，而无规立构 PS 不能结晶，透明，软化温度 80℃；全同 PP 易于结晶，可以做塑料和纤维，而无规 PP，为橡胶状，无实用价值。

2. 几何异构

1,4-加成的双烯类聚合物的顺反异构。顺式聚丁二烯是很好的橡胶，而反式聚丁二烯是弹性很差的塑料。天然橡胶为 98％ 的顺式聚异戊二烯，而反式聚异戊二烯（古塔波胶）在室温下为硬韧状物。

在共聚物的结构中有无规共聚，指的是两种或者两种以上的结构单元的分布是随机的，而在高聚物的构型中的无规立构是指同一结构单元的立体构型即 R 构型和 S 构型是随机分布的，这是完全不同的两个概念，有一种聚合物材料能够很好地说明二者的区别，那就是正在广泛应用于输水管材的 PP-R，它的中文名字为无规共聚聚丙烯，它是少量的乙烯单体与丙烯进行共聚得到的，结构上属于无规共聚物，而其构型则是全同立构的，它是由丙烯和乙烯进行配位共聚合得到的。

2.2 高聚物的远程结构

2.2.1 高分子的大小（分子量）

前已述及聚合物的分子量只有统计平均意义，而分子量分布能够更清晰细致地表明分子的大小。

聚合物的分子量或聚合度达到一定数值后，才能显示适用的机械强度，这一数值称为临界聚合度。一般介于 40～80 之间，因聚合物极性而异。在临界聚合度以上，聚合物的机械强度随聚合度增长而增强，当聚合度大于 200～250 后，机械强度的增长趋势延缓，达到 600～700 时，产物的机械强度将趋于某一极限值。

在实际应用中，分子量增加，分子间的作用力也增加，使高聚物的高温黏度增加，给加工成型带来困难。因此分子量也不宜过大。

分子量分布对产品力学性能也有很大影响。对于合成纤维和塑料来说，希望分子量分布得窄一些，可提高产品强度和力学性能。而对于橡胶则希望分子量分布得宽一些，低分子量部分使加工时的黏度低，而且起增塑剂的作用，便于加工成型。例如天然橡胶平均分子量很大，加工很困难，加工时，常需要塑炼，使分子量降低，分布变宽。

2.2.2 高分子链的内旋转构象

高分子的主链虽然很长，但通常并不是伸直的，它可以蜷曲起来，使分子采取各种形态，对于柔性分子，一般呈无规线团状。

高分子的蜷曲是由于高分子链上单键的内旋转造成的。由单键的内旋转而产生的分子在空间的不同形态称为构象。单键的内旋转不是完全自由的，因为原子之间存在相互作用。以聚乙烯为例，主链上两个相邻的碳原子上连接的氢原子之间有相互作用，当它们充分接近时，氢原子的电子云相互排斥，使它们之间保持尽可能远的距离。

2.2.3 高分子链的柔顺性

高分子链能够改变其构象的性质称为柔顺性。

影响高分子链柔顺性的因素有以下几个方面。

（1）主链结构

就内旋转能力来看，Si—O＞C—O＞C—C 单键，内旋转越容易，分子越柔顺。聚己二酸己二酯的柔性高于 PE，聚二甲基硅氧烷的柔性特别好，是一种优良的合成橡胶（硅橡胶），或者是液体状的硅油，与普通橡胶相比，硅橡胶耐低温性能优异。

主链中 C—O 含量越多，其柔顺性越好，脂肪族的聚酯、聚醚随着重复单元碳数的增长，其柔顺性逐渐降低，并逐渐接近于聚乙烯，就是很好的例子，正因如此，脂肪族的聚酯、聚醚常温下要么是液体，要么是蜡状固体，不能单独作材料应用，例如聚环氧乙烷（PEO）常用于合成各种表面活性剂，还可以作为生产聚氨酯的原料或者增塑剂使用。

但是有一个例外就是聚甲醛（POM）由于链的对称性，虽然很柔顺，但是可以结晶，成为工程塑料。也正因为如此，尼龙的发明者 Carothers 一开始致力于研究脂肪族的聚酯来合成纤维没有成功，后来转向研究脂肪族的聚酰胺，由于氢键使分子间力大大增加而获得了成功。

芳环不能内旋转，故主链中含芳环的高分子的柔顺性很差，在高温下也不能发生链段运动，耐高温的工程塑料都希望在主链中引进芳环结构。但芳环太多，链的刚性太大，难以加工成型，因此要注意使高分子链刚柔适中。例如聚苯醚（PPO），主链含芳环，具有刚性，又有 C—O 单键，具有柔性，产品可注塑成型，但 PPO 仍然偏于刚性。加工时，分子受力变形后得不到充分回缩，使制件内部有残余应力，造成应力开裂。

正是这一理论的指导，英国帝国化学公司的科学家改进了 Carothers 的方法，采用对苯二甲酸代替脂肪族二元酸，成功合成出了聚对苯二甲酸乙二酯，成为广泛应用的聚酯纤维，也就是涤纶纤维。

杜邦公司的科学家 Kevlar 在脂肪族尼龙的基础上，合成出了主链含苯环的聚对苯二甲酰对苯二胺这种芳香族尼龙，并通过液晶纺丝技术，开发成功了高强有机纤维，用于防弹衣等的制造。

分子中含内双键的高聚物柔性都很好，如顺丁橡胶、异戊橡胶、氯丁橡胶等。

分子中含共轭双键则是刚性分子。如导电高分子聚苯、聚乙炔等，我们知道 2000 年 Heeger、Macdiarmid 和 Shirakawa 三个科学家由于在导电聚合物方面的研究工作获得了诺贝尔化学奖，但是制约这类高分子广泛应用的一个重要原因就是它们的刚性非常大，难以加工成型。

（2）侧基

侧基的极性越强，其相互间的作用力越大，链的柔顺性越差，如 PVC 的柔性较 PE 差；对于非极性的侧基，体积越大，分子刚性越大，例如柔性 PE＞PP＞PS；但并非侧基体积越大，链的柔性越差，例如聚甲基丙烯酸酯的酯基体积越大，链越柔顺。

对于对称取代基，则会增加柔顺性，例如聚异丁烯的每个链节上有两个对称的侧甲基，这使主链间的距离增大，键间作用力减弱，其柔性比 PE 高。

PVC 是硬塑料，而对称取代的聚偏氯乙烯 PVDC 柔性好，是发展潜力巨大的软包装材料。

（3）链的长短

分子的链很短，可以内旋转的单键数目少，分子的构象数少，呈现刚性，小分子都不具有柔性。如果链比较长，单键数目多，内旋转即使受到限制，整个分子仍旧可以出现多种构象，分子具有柔性。不过，当分子量大到一定数值（如 10^4）后，分子量对柔顺性的影响就不大了。想一想不同长度的钢筋的刚性和柔性就不难理解了。

要注意的是，当考虑结构因素对聚合物柔顺性的影响时，一定要注意抓住主要矛盾，以下列两组聚合物为例：

$$-[OC(CH_2)_4COOCH_2CH_2O]_n- \qquad -[OC(CH_2)_4COOCH_2CH_2CH_2CH_2O]_n-$$

$$-[OC-\!\!\bigcirc\!\!-COOCH_2CH_2O]_n- \qquad -[OC-\!\!\bigcirc\!\!-COOCH_2CH_2CH_2CH_2O]_n-$$

对于上面一组脂肪族聚酯，很容易用主链中更为柔顺的 C—O 单键的分布密度而得到前者柔顺性强于后者的答案；但是对于后面一组芳香族聚酯，如果也用 C—O 单键的分布密度来比较则会得到错误的结论，这是因为苯环的引入大大增加了聚合物的刚性，苯环的分布密度成为影响聚合物柔顺性的主要因素，而 C—O 键的密度成为次要因素。

不要仅仅局限于单烯类聚合物，对于其他非单烯类聚合物以及其他复杂的聚合物，上述的结构对其柔顺性的影响也是适用的，如：

$$-[CH_2CH\!=\!CHCH_2]_n- \qquad -[CH_2\underset{CH_3}{C}\!=\!CHCH_2]_n- \qquad -[CH_2\underset{Cl}{C}\!=\!CHCH_2]_n-$$

侧基的极性同样对以上三种橡胶的柔顺性的影响结果与单烯类聚合物一样，由于侧基的极性逐渐增大，其柔顺性从左到右依次减弱。

同样对于硝酸纤维素和醋酸纤维素，硝酸纤维素是最早出现的半合成塑料，脆性大，在历史上曾被用作纤维材料，但是失败了，只能作为脆性塑料使用。后来醋酸纤维素出现了，由于醋酸酯基的极性较硝酸酯基小得多，其刚性减小，刚柔适中，可以作为纤维材料使用，如作为香烟过滤嘴等。

要说明的是，影响高聚物柔顺性的因素与后续要讲到的影响高聚物玻璃化转变温度的因素是一致的。可以结合后面的章节进行综合比较。

专题讲座之一 从聚乙烯和聚丙烯材料的发展看高聚物的构型和结构

从本章的讲授内容，我们知道共聚物分为无规共聚、交替共聚、接枝共聚和嵌段共聚，这属于高聚物结构的内容；而按照聚合物空间构型，聚合物分为无规立构、全同立构和间同立构，这属于高聚物构型的内容，二者不可混淆。

在合成高分子材料中，聚丙烯和聚乙烯的种类是比较多的，而且，随着科学的发展，这两种传统的高分子材料也在种类和用途上不断创新。

1. PP、APP 和 PPR

最常见的聚丙烯（PP）是通过配位聚合合成的等规立构聚丙烯，当初 Ziegler 和 Natt 的初衷是想得到一种可以作为橡胶材料的 PP，可是实际得到的聚丙烯却是一种性能优异的塑料，通过本章的内容我们知道由于这种聚丙烯的构型是等规立构的，容易结晶，所以，常温下是塑料。实际上在这种聚丙烯材料出现以前，人们已经用传统的自由基聚合得到了 PP，但是这种 PP 常温下是蜡状固体，无法作为高分子材料使用，因此当时得到的丙烯单体一般就烧掉了。现在我们知道这种自由基聚合得到的 PP 由于是无规立构聚丙烯（APP，Atactic Polypropylene），结构不规整，难以结晶，故力学性能和耐热性较差。实际上在采用配位聚合工业生产 PP 时也副产一部分 APP，现在人们利用其柔性和润滑性，已经开发出了其多种工业用途，变废为宝。

① 用于 APP（塑性体）改性沥青以及改性沥青防水卷材生产。它的特点是改性后的沥青制品高温性优越。用它改性的制品应用范围广，利用率较高，改善了制成品在高温下的抗流延性、低温下的龟裂，提高了沥青自身的曲挠性、韧性和内聚力。

② 用于 APP 填充母料：无规聚丙烯中混入一定量的碳酸钙制成的 APP 填充母料在聚丙烯、聚乙烯和聚氯乙烯的加工中都能起很好的作用，添加量一般可达 20% 左右。既提高了被填充塑料的塑性、韧性和弹性，又降低了生产成本。用 APP 填充母料作填充剂的聚丙烯可以用来生产打包带、撕裂薄膜、扁丝、编织袋、周转箱、中空容器等。

③ 用于生产热熔胶、改性涂料、橡塑、密封材料、纸张包装及电子绝缘材料等。

PPR（polypropylene random）一般写为 PP-R，是聚丙烯无规共聚物的简称，它是由丙烯与 1%～7% 的乙烯进行无规共聚得到的，但是与普通的 PP 一样，其合成工艺是配位聚合，因此 PP-R 是等规立构的无规共聚聚丙烯，也就是说，其构型是等规立构，其结构是无规共聚，与 APP 的构型是完全不同的。与 PP 均聚物相比，无规共聚物的结晶度显著降低，改进了光学性能（增加了透明度并减少了浊雾），提高了抗冲击性能，增加了挠性，降低了熔化温度，从而也降低了热熔接温度；同时在化学稳定性、水蒸气隔离性能和器官感觉性能（低气味和味道）方面与均聚物基本相同。由于这种材料的性能优异，已经广泛应用于各种输水管材，而且其安全卫生，可以用于上水管，在我们的家庭和生活中可以大量见到。

2. PE的种类——均聚聚乙烯和共聚聚乙烯的结构和构型

在配位聚合反应出现以后，聚乙烯（PE）的种类主要分为低密度聚乙烯（LDPE）、高密度聚乙烯（HDPE）和线性低密度聚乙烯（LLDPE）三种。LDPE由自由基聚合反应得到，由于自由基聚合容易发生链转移反应而得到支化度比较高的聚合物，因此，LDPE是高支化的PE，结晶度比较低，密度比较小，其结构上是支化高分子，构型上是无规聚合物；HDPE是用配位聚合反应得到的，支链很少，结构上是线形的，构型上是等规立构的，结晶度比较高，密度大；而LLDPE是乙烯与1-丁烯、1-己烯、1-辛烯等进行无规共聚得到的，聚合工艺与HDPE一样，因此其结构是线形无规共聚的，而构型上是等规立构的。

随着科学的发展，又出现了一种称为中密度聚乙烯（MDPE）的聚乙烯新品种，MDPE是在合成过程中用乙烯与α-烯烃共聚，控制密度而成的。其生产合成工艺采用LLDPE的方法。α-烯烃常用丙烯、1-丁烯等，其用量的多少影响着密度大小，一般α-烯烃用量为5%（质量分数）左右。MDPE分子主链中平均每1000个碳原子中引入20个甲基支链或13个乙基支链，其性能变化由支链多少及长短不同而定。因此其构型和结构都类似于LLDPE，只是改变了共聚单体的种类，就是采用了丙烯。与上述的PP-R有些类似，只不过，前者以丙烯单体为主，乙烯占少量，而后者以乙烯为主，丙烯和1-丁烯少量。

思考题与习题

1. 写出聚氯丁二烯的各种可能构型。

2. 构象和构型有何区别？碳链高分子上的碳碳单键是可以旋转的，通过单键的内旋转是否可以改变聚丙烯材料的等规度？为什么？是否可以将天然橡胶变为杜仲胶？

3. 为什么PVC是硬而脆的塑料，而PVDC则是韧性很强的塑料？

4. 为什么聚乙烯柔性那么好，却是塑料而不是橡胶？

5. 现有三种丁二烯与苯乙烯单体的聚合物材料，其组成分别为：①少量丁二烯接枝到聚苯乙烯基体上的聚合物；②用阴离子聚合得到的SBS；③少量顺丁橡胶与大量PS的共混物。它们的名称分别是什么？各自的性能如何？

6. 尼龙的发明者卡罗瑟斯一开始是用己二酸和乙二醇聚合来寻找合成纤维的，结果没有成功，而他后来改用己二胺代替乙二醇后，成功开发出了尼龙，在他以后，英国的帝国化学工业公司改用对苯二甲酸代替己二酸与乙二醇聚合就成功开发出了涤纶纤维，请你用本章的知识解释其原因。

7. 自由基聚合得到的无规立构聚丙烯是蜡状固体，不能作材料使用，而配位聚合得到的等规立构聚丙烯则是典型的塑料，结构上增加一个甲基的聚异丁烯则是性能很好的橡胶，为什么？

8. 从结构和构型上解释 LDPE、HDPE、LLDPE 和 XPE（交联聚乙烯）性能上的差别。

9. PBT 是新开发的一种工程塑料，它与传统的 PET 相比，韧性较好，为什么？

10. 为什么聚环氧乙烷不能作塑料使用？

第3章

聚合物的凝聚态结构

高分子的凝聚态结构是指高分子链之间的排列和堆砌结构，也称为超分子结构，有时又称为聚集态结构。

决定高聚物基本性质的主要因素是前述的高分子链结构，而高分子的凝聚态结构是决定高聚物本体性质的主要因素，在高分子合成过程中形成的链结构只是间接地影响高分子材料的性能，而在高分子加工、成型过程中形成的凝聚态结构才是直接影响其性能的因素。

由于高分子之间存在着相互作用，才能使得相同的或者不同的高分子能够聚集在一起，从而成为有用的材料，因此在讨论高聚物的凝聚态结构之前，必须先讨论高分子之间的相互作用力。

3.1 高聚物之间的相互作用力

3.1.1 范德华力与氢键

分子间作用力包括范德华力和氢键。

范德华力包括静电力、诱导力和色散力，是永久存在于一切分子之间的一种吸引力。高分子之间也不例外，这种力没有方向性和饱和性，作用范围小于 1nm，作用能约比化学键小 1~2 个数量级。

氢键是极性很强的 X—H 键上的氢原子与另外一个键上电负性很大的原子 Y 上的孤对电子相互吸引而形成的一种键（X—H···Y），其中的 X 和 Y 可以是同一种原子。

氢键既有方向性又有饱和性，从这种性质来看，其与化学键类似，但是其键能比化学键小得多，反而与范德华力同一数量级，所以通常说氢键是一种强力的有方向性的分子间力。其强弱取决于 X、Y 的电负性和 Y 的半径，X、Y 的电负性越大，Y 的半径越小，所形成的氢键越强。

氢键可以在分子间形成。例如极性的液体小分子水、乙醇、乙酸、氢氟酸等，在极性的高聚物如聚酰胺、纤维素、蛋白质中也有分子间的氢键存在。氢键也可以在分子内形成，例如邻羟基苯甲酸、邻硝基苯酚、纤维素等。

3.1.2　内聚能密度

在高聚物中，由于分子量很大，分子链很长，分子间的作用力非常大，高分子的凝聚态只有固态和液态，而没有气态，说明高分子之间的分子间力超过了其化学键的键能，因为要使分子成为气态，就必须破坏分子间力，而对于高聚物而言，在分子间力被破坏之前，其化学键力已经被破坏而分解了。因此在高聚物中，分子间力起着更加重要的作用。

高聚物分子间力的大小通常采用内聚能或内聚能密度表示。内聚能定义为把 1mol 液体或固体分子移到其分子间力范围之外所需要的能量。

$$\Delta E = \Delta H_v - RT \tag{3-1}$$

式中，ΔE 和 ΔH_v 分别为内聚能和摩尔蒸发热（或者摩尔升华热）；RT 为转化为气体时所做的膨胀功。单位体积的内聚能叫内聚能密度：

$$CED = \Delta E / \overline{V} \tag{3-2}$$

式中，$\overline{V}$ 为摩尔体积。

对于低分子化合物，其内聚能近似等于恒容蒸发热或升华热。而高聚物不能汽化，不能直接测定内聚能（内聚能密度），只能估计。

表 3-1 列出了部分线形高聚物的内聚能密度，从这些数据不难看出，内聚能密度的大小与高聚物物理性质之间存在着明显的对应关系。从 PE 到丁苯橡胶，内聚能密度都在 300MJ/m³ 以下，可以作为橡胶使用。其中，PE 由于结构规整，容易结晶，不能作为橡胶使用。PS、PMMA、PVAc 和 PVC 内聚能密度在 350MJ/m³ 左右，是典型的塑料。PET、尼龙和 PAN，分子链上有强极性基团或者可以形成氢键，内聚能密度在 420MJ/m³ 以上，是典型的纤维。

表 3-1　部分线形高聚物的内聚能密度

高聚物	内聚能密度/(MJ/m³)	高聚物	内聚能密度/(MJ/m³)
聚乙烯	259	聚甲基丙烯酸甲酯	347
聚异丁烯	272	聚醋酸乙烯酯	368
天然橡胶	280	聚氯乙烯	381
聚丁二烯	276	聚对苯二甲酸乙二酯	477
丁苯橡胶	276	尼龙-66	774
聚苯乙烯	305	聚丙烯腈	992

3.2　聚合物的晶态结构

3.2.1　高聚物结晶的形态学

3.2.1.1　单晶

高聚物的单晶通常只能在极稀的溶液中（0.01%～0.1%）缓慢结晶时生成，在电镜下可以直接观察到它们是具有规则几何形状的薄片状晶体。厚度一般在 10nm 左右，大小可以从几微米到几十微米甚至更大。

图 3-1 是聚乙烯单晶的电镜照片，它们是菱形的单层平面片晶，有非常清晰和规则的电子衍射花样。聚甲醛的单晶呈平面正六边形（见图 3-2）；而聚 4-甲基-1-戊烯的单晶呈平面正方形，可见不同聚合物的单晶呈现不同的特征形状。

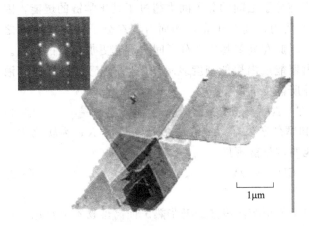

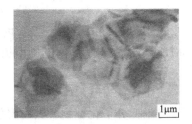

图 3-1　聚乙烯单晶的电镜照片　　　　　　图 3-2　聚甲醛单晶的电镜照片
（左上角为其 X 射线衍射照片）

从稀溶液中还可以制备其他聚合物的单晶，如尼龙-6（菱形）；聚乙烯醇、聚丙烯腈、PET（平面四边形）；聚丙烯（长方形）和聚 α-甲基苯乙烯（正六边形）等，见图 3-3 和图 3-4。

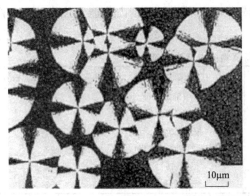

图 3-3　全同立构聚苯乙烯的偏光显微镜照片　　　　图 3-4　聚丙烯球晶的偏光显微镜照片

生长条件的改变对单晶的形状和尺寸等有很大的影响。为了培养完善的单晶，一般说来，条件是相当苛刻的，首先要求溶液浓度足够稀，一般在 0.1%～0.01% 之间；其次结晶的温度要足够高，或者过冷程度（即结晶熔点与结晶温度之差）要小，使结晶速度足够慢，一般过冷程度为 20～30K 时，可形成单层片晶，随着结晶温度的降低或者过冷程度的增加，结晶速度加快，将形成多层片晶，甚至更复杂的结晶形式；对于溶剂，通常热力学上的不良溶剂有利于生长更为完善的单晶；而在同一温度下，高分子倾向于按照分子量由大到小的顺序先后结晶出来，因此，晶核一般是由最长的分子组成，最短的分子最后结晶。

要注意，高分子单晶是由溶液中生长的片状晶体的总称，并非结晶学意义上的真正单晶。

3.2.1.2 球晶

球晶是高聚物结晶的最常见形式，当结晶性的高聚物从浓溶液中析出，或从熔体冷却结晶，在不存在应力或者流动的情况下，都倾向于生成这种结晶，它呈圆球形，直径通常在 $0.5\sim100\mu m$ 之间。在偏光显微镜下观察，球晶呈现特征的黑十字消光图案。

球晶是由一个晶核开始，以相同的生长速率同时向空间各个方向放射生长形成的。而高分子链通常总是沿着垂直于球晶半径方向排列的。

大量关于球晶生长的研究表明，成核初期阶段先生成一个多层片晶，然后逐渐向外扩散生长，并不断分叉形成捆束状形态，最后形成填满空间的球状晶体。这一过程见图 3-5，而微纤中晶片的细节见图 3-6。

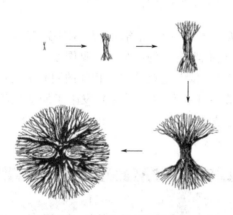

图 3-5 球晶生长过程示意图

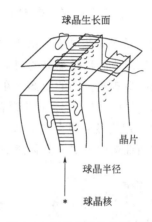

图 3-6 球晶内晶片的示意图

当晶核较少、球晶尺寸小时，呈球形，这也是球晶名称的由来；当晶核较多，并继续长大，出现非球形界面时，晶体生长到充满整个空间，呈不规则多面体。如果是均相成核，截顶后的球晶边界是直线，边界线垂直等分两球晶中心的连线（见图 3-7）。如果是非均相成核，球晶边界是双曲线（见图 3-8）。因而从球晶的形态可以判断其成核类型。因此，宏观上球晶并非球形，只是在初始生长阶段呈球形。

图 3-7 偏光显微镜下观察聚乙烯球晶的生长过程

其中，图 3-8 所示为 1925 年法国的 Lemoigne 发现 Bacillus megaterium 等细菌体内以细颗粒存在的一种称为 P（3HB）的聚酯。现已发现许多微生物可以生物合成这种聚酯作为碳和能源的储备物质。P（3HB）的含量可高达细胞干重的 80%。其结构式如下：

$$\left[O-CH-CH_2-C \right]_n$$
$$\quad\quad\ \ \underset{CH_3}{|}\quad\quad\quad \overset{O}{\parallel}$$

聚（3-羟基丁酸）

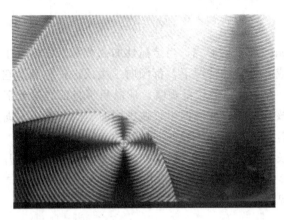

图 3-8　微生物聚酯的环带球晶（剑桥大学材料与冶金系制备）

P(3HB) 具有高结晶度。由于这种独一无二的生物合成路线，P(3HB) 有很高的纯度，所以它所形成的环带球晶的规整性超过任何化学合成的高分子（见图 3-8）。

有时球晶呈现更复杂的图案，在黑十字消光图像上重叠着明暗相间的同心消光环，称为环带球晶 [见图 3-9(a)]。环带球晶的形成是由于微纤（即晶片）发生了周期性的扭曲（见图 3-10）。用比显微镜有更高放大倍数、分辨率和景深的扫描电子显微镜（SEM）能观察到这些扭曲的微纤更有立体感的细节 [见图 3-9(b)]。

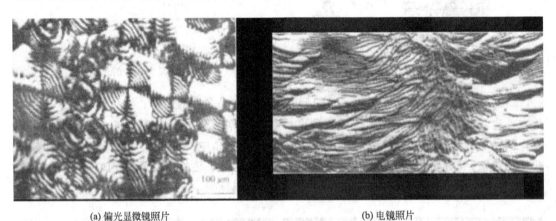

(a) 偏光显微镜照片　　　　　　　　　　　(b) 电镜照片

图 3-9　聚乙烯环带球晶

3.2.1.3　其他结晶形式

除了上述球晶和单晶外，高聚物还有纤维状晶、串晶、树枝状晶和伸直链晶体等多种多样的结晶形态。串晶和伸直链晶体都是在外力下形成的。当高聚物在高压下（0.3GPa 以上）结晶时，能得到完全伸直链的晶体，例如聚乙烯在 0.5GPa 下，25℃等温结晶 2h。得到的晶体长度约 1μm，与伸直分子链的长度相当（见图 3-11）。这是一种热力学上最稳定的高分子晶体，其熔点为 140℃，接近于聚乙烯的热力学平衡熔点为 144℃，结晶度 97%（其余为结晶缺陷）。

高分子溶液受搅拌剪切，以及纺丝或塑料成型时受挤出应力时高分子所受的应力还不

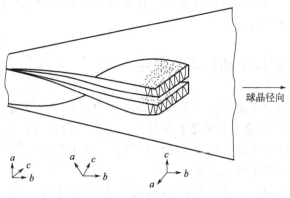

图 3-10 球晶内部晶片扭曲示意图

图 3-11 聚乙烯伸直链晶体

足以形成伸直链晶体，但能形成纤维状晶或串晶。纤维状晶是由完全伸直的分子链组成的，晶体总长度可大大超过分子链的平均长度，分子平行但交错排列。串晶是以纤维状晶为脊纤维，上面附加许多片晶而成的。这是由于溶液在搅拌应力作用下，一部分高分子链伸直取向聚集成分子束。当停止搅拌后，这些取向了的分子束成为结晶中心继续外延生成折叠链晶片（见图 3-12）。例如，将聚乙烯溶在热二甲苯中配成 0.1% 的溶液，搅拌后冷却，就得到串晶［见图 3-13(a)］。用甲苯/苯蒸气可以溶解掉晶片，留下的纤维状晶

图 3-12 串晶结构模型

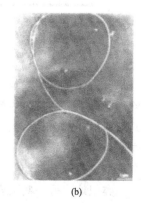

(a)　　　　　　　　　　(b)

图 3-13 聚乙烯串晶结构

［见图 3-13（b）］的熔点与伸直链晶体相同。这种流动或应变诱发结晶，与实际生产过程中高聚物的结晶过程更为接近。

3.2.2 高分子在结晶中的构象和晶胞

结晶中高分子的构象主要取决于分子内的作用力，只有少数能够形成氢键的聚合物（如聚酰胺）的分子间力才会起比较重要的作用。从分子内的因素来看，孤立的分子链所采取的构象应是等同规则所许可的能量最小的构象。高分子链在结晶中主要采取两种不同的构象，即锯齿形构象和螺旋形构象。

为了使分子链位能最低，并有利于在晶体中作紧密而规则的堆砌，没有取代基或取代基较小的碳链常取全反式构象（即 tttttt），又称锯齿形构象。例如聚乙烯分子在结晶中取完全伸展的平面锯齿形构象，如图 3-14 所示。通过单位晶胞体积（0.0918nm^3）和参加到晶胞中的链节的质量可以计算出完全结晶的聚乙烯的密度为 1.01g/cm^3，而实测值为 0.92~0.96g/cm^3，这是因为实际结晶中包含有非晶（密度为 0.85g/cm^3）。

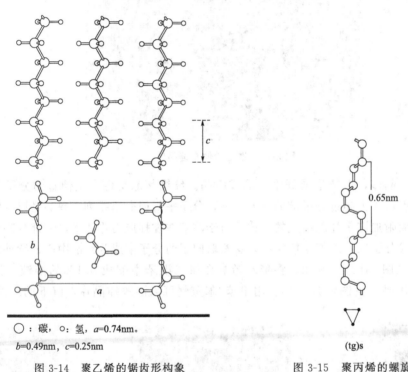

○：碳，○：氢，a=0.74nm。
b=0.49nm，c=0.25nm

图 3-14 聚乙烯的锯齿形构象

0.65nm

(tg)s

图 3-15 聚丙烯的螺旋形构象

另一方面，侧基较大的高分子，为了减少空间阻碍降低位能，则必须采取一些旁式构象。比如全同聚丙烯的侧甲基的范德华半径为 0.20nm，若取全反式构象，两个甲基之间的距离只有 0.25nm，比两个甲基半径之和 0.4nm 小得多，甲基会互相排斥。实际上，全同聚丙烯在结晶中采取 tgtgtg（或 tg'tg'tg'）的螺旋形构象，一个螺距（即等同周期）含有三个单体单元，计 0.65nm。（见图 3-15）。

类似地，另一些聚合物也采取螺旋形构象。如聚氯乙烯为 tgtg'，反式-1,4-聚异戊二烯为 tttgtttg'等。

要注意的是，高分子的结晶不会出现立方晶格，因为立方晶格是各向同性的。而高分子链在结晶时都只能采取使其主链的中心轴互相平行的方式排列。与主链中心轴平行的方向就是晶胞的主轴，在该方向上有化学键，而在空间的其他方向只有分子间力。在分子间力作用下，分子链只能以靠近到链外原子或取代基接近到范德华距离为度，这就产生了各向异性。而其他六种晶格六方、四方（正方）、三方（菱形）、斜方（正交）、单斜和三斜都有可能出现。

另外，高分子结晶易于出现准晶、非晶区，原因是由于高分子的长链结构，链上的原子有共价键，结晶时链段并不能充分自由运动，必定妨碍规整排列，从而造成晶格缺陷，也就是高分子结晶一般不完整。

3.3 高聚物的结晶过程

3.3.1 高聚物结构与结晶能力

高分子的结晶能力各不相同，其原因是由于高分子不同的结构特征。高分子结晶能力的大小取决于链的对称性和规整性以及柔顺性等结构因素。

3.3.1.1 链的对称性

高分子链的结构对称性越高，越容易结晶。结构对称性很高的 PE 和 PTFE 最容易结晶，甚至我们很难得到其完全非晶的聚合物样品，将 PE 氯化后得到的 CPE，便失去了结晶能力。

比较以下聚合物的结构及其最大结晶度就能说明这个问题。

$$+CH_2-CH+_n \quad > \quad +CH_2-\underset{Cl}{\overset{Cl}{C}}+_n \quad > \quad +\underset{F}{\overset{F}{C}}-\underset{F}{\overset{F}{C}}+_n$$

$$7\% \qquad\qquad 75\% \qquad\qquad 高于90\%$$

通过对称性也能说明为什么聚乙烯、聚四氟乙烯能结晶，而聚苯乙烯和聚甲基丙烯酸甲酯是典型的非晶聚合物。

3.3.1.2 链的规整性

对于主链含有不对称中心的高聚物，如果构型是完全无规的，这样的高分子一般都会失去结晶能力，例如自由基聚合得到的 PS、PMMA、PVAc 等就是完全不能结晶的。更典型的例子就是自由基聚合得到的 PP 不能结晶，它没有强度，根本不能作为塑料使用。在配位聚合发明以前，聚丙烯是没有用的，而配位聚合得到的全同立构的 PP 很容易结晶，是世界第三大产量的塑料。

对于二烯类聚合物，反式的对称性比顺式好，所以反式更易结晶，也正因为如此，顺式聚丁二烯等是很好的橡胶，而反式的由于结晶能力较强，不能作为橡胶使用。

有几个值得注意的例外，自由基聚合得到的聚三氟氯乙烯，主链上有不对称碳原子，具有相当强的结晶能力，最高结晶度可达90%。这是由于氯原子与氟原子体积相差不大，不妨碍分子链做规整的堆积，类似于PTFE。

无规PVAc不能结晶，但由它水解得到的PVA能结晶，原因在于羟基的体积不大，而又具有较强的极性的缘故。

无规PVC具有微弱的结晶能力。原因在于氯原子电负性较大，分子链上的氯原子相互排斥彼此错开排列，形成类似于间同立构的结构，有利于结晶。

3.3.1.3 共聚物的结晶能力

无规共聚物通常会破坏链的对称性和规整性，从而使结晶能力降低甚至完全丧失。如乙烯/丙烯无规共聚物基本没有结晶能力，是典型的乙丙橡胶。但是如果两种共聚单元的均聚物有相同类型的结晶结构，那么共聚物也能结晶。如果两种共聚单元的均聚物有不同的结晶结构，那么在一种组分占优势时，共聚物是可以结晶的，含量少的结构单元作为缺陷存在于另一种均聚物的结晶结构中。在某些中间组成时，结晶能力大大减弱，甚至不能结晶，如乙丙共聚物。

嵌段共聚物的各嵌段基本保持相对独立性，能结晶的嵌段形成自己的晶区，接枝共聚物与嵌段共聚物相似。例如，聚酯-聚丁二烯-聚酯嵌段共聚物，聚酯段能够结晶，当其含量较少时，其所形成的结晶微区分散于聚丁二烯弹性连续相中，起到物理交联点的作用，使得该共聚物成为良好的热塑性弹性体。

3.3.1.4 其他结构因素

① 链的柔顺性：一定的链柔顺性是结晶时链段向结晶表面扩散和排列所必需的。例如链柔顺性好PE结晶能力强，而主链上含苯环的PET柔性下降，结晶能力较差，而主链上苯环密度更高的聚碳酸酯，链的柔顺性更差，结晶能力更差。

② 支化使链的对称性和规整性降低，降低结晶能力。例如高压法制备的PE的结晶能力小于低压线形PE。

③ 交联大大限制了链的活动性，随着交联度的增加，结晶能力下降。

④ 分子间力也往往使链的柔顺性降低，影响结晶能力。但分子间能形成氢键时，则有利于结晶结构的稳定，如聚酰胺。

3.3.2 结晶速度及其测定方法

高聚物的结晶过程与小分子类似，也包括晶核的形成和晶粒的生长两个步骤，因此结晶速度也包括成核速度、结晶生长速度和由它们共同决定的结晶总速度。

测定方法如下。

成核速度：用偏光显微镜、电镜直接观察单位时间内的成核数目。

结晶生长速度：用偏光显微镜、激光光散射法测定球晶半径随时间的增大速度。

结晶总速度：用膨胀计法、光学解偏振法测定结晶过程进行到一半时的时间，以其倒数作为结晶总速度。

下面简单介绍几种测定结晶速度的实验方法。

膨胀计法是研究结晶速度的经典方法。该法利用高聚物结晶过程中发生的体积收缩来研究结晶过程。具体方法如下。

将高聚物与惰性液体装入膨胀计中，加热到高聚物的熔点以上，使高聚物全部成为非晶熔体，然后将膨胀计移入恒温槽中，高聚物开始恒温结晶，观察膨胀计毛细管内液体的高度随时间的变化，便可以考察结晶进行的情况。以 h_0、h_∞、h_t 分别代表膨胀计的起始、最终和 t 时间时的读数，将 $(h_t-h_\infty)/(h_0-h_\infty)$ 对 t 作图，得到如图反 S 形曲线（见图 3-16）。

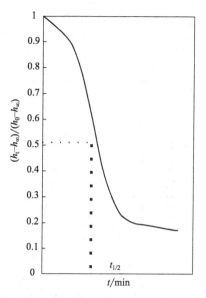

图 3-16　膨胀计法测量高聚物结晶速度

由曲线可以看出，结晶过程开始体积收缩慢，过一段时间后加快，之后又逐渐慢下来，最后体积收缩变得非常缓慢，这时结晶速度的衡量发生困难，变化终点所需的时间也不明确，然而体积收缩一半所需的时间可以准确测量，而且此时体积变化的速度较大，时间测量误差小，因此常用其倒数 $t_{1/2}$ 表示结晶速度。

膨胀计法设备简单，但热平衡时间较长，起始时间不易测准，难以研究结晶速度较快的过程。

光学解偏振法是利用球晶的光学双折射性质来测定结晶速度的。

偏光显微镜法是研究结晶过程的直观和常用的方法，可以在偏光显微镜下直接观察到球晶的轮廓尺寸，配上热台就可以在等温条件下观察聚合物球晶的生长过程，测量球晶的半径随时间的变化，一般在等温结晶时，球晶半径与时间呈线性关系，这种关系一直保持到球晶长大到与邻近球晶发生连接为止。此法受显微镜视野的影响，只能观察少量球晶，样品的不均匀性会影响观察结果。

3.3.3　结晶速度与温度的关系

影响结晶速度的最主要因素是温度（见图 3-17），高于熔点和低于玻璃化温度 T_g 都不能结晶。实际上从熔体降温时开始能产生结晶的温度是熔点以下 $10\sim30℃$，这一现象叫"过冷"，因为很接近熔点时成核速率极慢。结晶速率最大的温度即 T_{max} 对大多数高聚物来说为熔点 T_m 的 $0.80\sim0.85$ 倍（以热力学温度计算）。

$$T_{max}=(0.80\sim0.85)T_m \tag{3-3}$$

此外，还有一个经验公式用于估计最大结晶温度

$$T_{max}=0.63T_m+0.37T_g-18.5 \tag{3-4}$$

由于结晶能力决定了聚合物的最大结晶度和最大结晶速度，因而两者之间有着必然的联系（见图 3-18）。

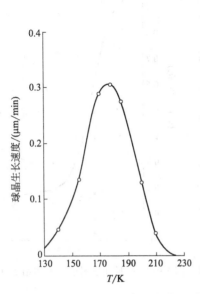

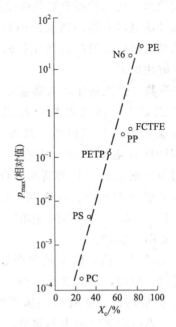

图 3-17　天然橡胶结晶速度与温度的关系　　　图 3-18　聚合物最大结晶度与最大结晶速度的关系

3.3.4　影响结晶速度的其他因素

　　分子结构的差别是决定高聚物结晶速度的根本原因。虽然目前还不能从理论上全面比较不同高聚物的结晶速度，但是，可以断言，链的结构越简单、对称性越高，链的立体规整性越好，取代基的空间位阻越小，链的柔顺性越大，则结晶速度越大。

　　对于同一种高聚物，分子量越高，结晶速度越慢，由于高聚物的分子量具有多分散性，需要对高聚物进行热处理，以保证结晶的完整性。

　　杂质的存在对高聚物的结晶有显著的影响。惰性稀释剂可降低结晶分子浓度，从而降低结晶速度。例如在等规聚合物中加入相同化学组成的无规聚合物，可以使结晶速度降低到所需要的水平。这一现象常被用于研究那些结晶速度过快的聚合物的结晶行为，如聚乙烯、聚丙烯等。

　　在高聚物结晶过程中人为加入的能够促进结晶的物质，在结晶过程中起晶核的作用，因此被称为成核剂，它实际上是高聚物结晶过程中人为加入的一种杂质。

　　从本质上来说，成核剂作为聚合物的改性助剂，其作用机理主要是在熔融状态下，由成核剂提供所需的晶核，聚合物由原来的均相成核转变成异相成核，从而加快了结晶速度，使晶粒结构细化，并有利于提高产品的刚性，缩短成型周期，保持最终产品的尺寸稳定性，改善聚合物的力学性能（如刚度、模量等），缩短加工周期等；另一方面，由于结晶聚合物都存在晶区和非晶区两相，可见光在两相界面发生双折射，不能直接透过，因此一般的结晶聚合物都是不透明的，而加入成核剂后，由于结晶尺寸变小，光透过的可能性增加，高聚物的透明性增加，表观光泽性改善。一般常见的结晶性高分子如聚乙烯、聚丙烯、尼龙、聚对苯二甲酸乙二酯、聚甲醛等都有相应的成核剂。

如果在高聚物结晶时加入的高效成核剂，使结晶尺寸足够小，小于可见光的波长，聚合物就会变得完全透明，这种成核剂叫做透明剂，其本质上是高效成核剂，但要说明的是透明剂的加入不一定使结晶性高聚物完全透明，也可能是半透明。

传统的成核剂大多是芳族羧酸酯或者盐（如苯甲酸钠、对苯二甲酸乙二酯等），而高效的透明剂包括山梨醇缩醛，由于难以去除醛类的刺激性气味，难以在食用级聚合物上应用，此外还有有机磷酸酯、松香酸盐等，其中松香酸盐安全无毒，可以用于食品等的包装材料。

有些溶剂也能明显促进结晶过程，其中水是最常遇到和最难避免的一种溶剂，其影响需要更加注意。水能促进尼龙和聚酯的结晶。

生产尼龙网丝时，为增加透明度，快速冷却使球晶足够小，用水作冷却剂时解决不了透明度的问题。后来在结构分析中发现尼龙丝的丝芯是透明的（说明冷却速度已经足够了），但丝的表面有一层大球晶，影响了透明度，将水冷改为油冷后问题就解决了，这正说明水促进了表面尼龙的结晶。

3.4 结晶对高聚物力学性能的影响

3.4.1 结晶度概念及其测定方法

结晶高聚物中总是包含晶区和非晶区两部分，结晶度如下：

$$f_c^w = W_c/(W_c + W_a) \times 100\% \tag{3-5}$$

$$f_c^v = V_c/(V_c + V_a) \times 100\% \tag{3-6}$$

式中，W 为质量；V 为体积；下标 c 表示结晶；a 表示非晶。

高聚物的晶区与非晶区的界限不明确，这给准确确定晶区和非晶区含量带来了麻烦。因为各种方法对晶区和非晶区的定义是不同的，用不同方法测定的结晶度，有时差别很大，因此在表示结晶度的时候要表明测定方法。

可以用来测定结晶度的方法有很多，其中最常用和最简单的方法是比容法（或称密度法）。这种方法的依据是：分子在结晶中作有序堆积，使得晶区的密度 ρ_c 高于非晶区的密度 ρ_a，或者晶区的比容 v_c 小于非晶区的比容 v_a，假定比容和密度存在加和性，则可以分别得到质量结晶度和体积结晶度与密度之间的关系公式。

$$f_c^w = \frac{(1/\rho_a) - (1/\rho)}{(1/\rho_a) - (1/\rho_c)} \tag{3-7}$$

$$f_c^v = \frac{\rho - \rho_a}{\rho_c - \rho_a} \tag{3-8}$$

几乎所有的教科书上，都是通过比容或者密度的线性加和性假设来推导出这两个公式的，实际上密度或者比容的加和性假设是没有必要的，利用体积或者质量的加和性，同样可以推导出这两个公式，而且，这也非常容易理解。

$W=W_c+W_a$，则有：

$$\rho V=\rho_c V_c+\rho_a V_a$$

该式左右都除以体积 V，则有：

$$\rho=\rho_c f_c^v+\rho_a(1-f_c^v)$$

这样就得到式(3-8)。

同样，利用体积的加和性：$V=V_a+V_c$ 就可以得到式(3-7)。

显然由式(3-7)和式(3-8)测定聚合物的结晶度时，必须知道其完全非晶和完全结晶试样的密度 ρ_a 和 ρ_c，ρ_a 可以由熔体的密度-温度曲线外推至测量温度而得到，也可以直接从熔体淬火获得完全非晶试样测得，ρ_c 往往由晶体结构参数计算得到，大多数聚合物的 ρ_a 和 ρ_c 都可以在相应的手册上查到（见表3-2）。

表 3-2　结晶性高聚物的密度

高聚物	ρ_c/(g/cm³)	ρ_a/(g/cm³)	ρ_c/ρ_a	高聚物	ρ_c/(g/cm³)	ρ_a/(g/cm³)	ρ_c/ρ_a
聚乙烯	1.00	0.85	1.18	聚三氟氯乙烯	2.19	1.92	1.14
聚丙烯	0.95	0.85	1.12	聚四氟乙烯	2.35	2.00	1.17
聚丁烯	0.95	0.86	1.10	尼龙-6	1.23	1.08	1.14
聚异丁烯	0.94	0.86	1.09	尼龙-66	1.24	1.07	1.16
聚戊烯	0.92	0.85	1.08	尼龙-610	1.19	1.04	1.14
聚丁二烯	1.01	0.89	1.14	聚甲醛	1.54	1.25	1.25
顺聚异戊二烯	1.00	0.91	1.10	聚氧化乙烯	1.33	1.12	1.19
反聚异戊二烯	1.05	0.90	1.16	聚氧化丙烯	1.15	1.00	1.15
聚乙炔	1.15	1.00	1.15	聚对苯二甲酸乙二酯	1.46	1.33	1.10
聚苯乙烯	1.13	1.05	1.08	聚碳酸酯	1.31	1.20	1.09
聚氯乙烯	1.52	1.39	1.10	聚乙烯醇	1.35	1.26	1.07
聚偏氯乙烯	2.00	1.74	1.15	聚甲基丙烯酸甲酯	1.23	1.17	1.05
聚偏氟乙烯	1.95	1.66	1.17	平均			1.13

3.4.2　结晶度大小对高聚物性能的影响

同一种单体，以不同的聚合方法或不同的成型条件可以制得结晶或不结晶的高分子材料。从化学性质来看，同一高聚物的结晶态和非晶态没有什么差别，但是其力学性能差别很大。例如，丙烯经自由基聚合得到不能结晶的无规立构的PP，是一种黏稠的液体或者橡胶状的弹性体，而用配位聚合则得到易于结晶的等规的PP，熔点可以高达176℃，是很好的塑料，甚至可以纺丝。

又如普通PVA结晶度只有30%，遇热水溶解，而230℃热处理85min，可提高到65%，在90℃的热水中溶解得很少，定向聚得到等规聚乙烯醇，结晶度很高，不经缩醛化反应，便可以作纤维。

结晶可以提高耐热性和耐溶剂侵蚀性。例如PE很难溶于烃类溶剂，因为结晶度高。对于塑料和纤维，通常希望它们有合适的结晶度，对于橡胶则不希望其有结晶性，结晶会使橡胶硬化而失去弹性。例如汽车轮胎在北方的冬天有时会因为结晶而破裂。

下面分几个方面进行讨论。

3.4.2.1　力学性能

当高聚物的非晶区位于橡胶态（高弹态）时，模量随结晶度的提高而增加，硬度增高。结晶度提高，抗冲击强度降低。在玻璃化温度以上，结晶度增加，分子间作用力增大，抗张强度提高，但断裂伸长减小；在玻璃化温度以下，高聚物随结晶度的增加而变脆，抗张强度下降。在玻璃化温度以上，微晶起物理交联点的作用，使链的滑移减小，蠕变和应力松弛降低。

3.4.2.2　密度和光学性质

晶区密度大于非晶区，因此密度随结晶度的增加而增加。大量实验表明，结晶和非晶密度的比值约为 1.13。$\rho_c/\rho_a = 1.13$，因此测得某一样品的密度，即可粗略估计其结晶度：$\rho = \rho_a(1 + 0.13f_c^v)$。

物质的折射率与密度有关，因此高聚物中晶区与非晶区折射率不同，光线通过时在晶区界面上发生折射和反射，不能直接通过。因此两相并存的结晶高聚物通常呈乳白色，不透明，如 PE、PA、PTFE 等，结晶度减小，透明度增加，完全非晶的聚合物是透明的，如 PMMA、PS、PC 等。

但是，有的高聚物晶区密度和非晶区密度差别很小，或者晶体尺寸比可见光波长还小，此时结晶并不影响高聚物的透明性。例如，聚 4-甲基-1-戊烯，分子链上有较大的侧基，使其结晶排列不紧密，两相密度很接近，是透明高聚物。对于许多结晶高聚物，可以设法减小结晶尺寸，例如等规 PP 加工时加入成核剂，透明度改善。

3.4.2.3　热性能

作为塑料使用的高聚物，非晶或者结晶度比较低的高聚物的最高使用温度是玻璃化温度，而结晶度比较高的高聚物的最高使用温度是熔点。

3.4.2.4　其他性能

由于结晶使分子链紧密堆积，它能更好地阻挡各种试剂的渗入，因此，其对气体、液体、蒸汽等的渗透性、化学反应活性等性能都有影响。

3.4.3　结晶高聚物的加工条件-结构-性质的关系

结晶高聚物的力学性能与结晶度、结晶形态以及结晶在材料中的织态结构有关，这些结构条件的变化又取决于加工成型条件。虽然这给结晶高聚物的加工和应用带来了一定的复杂性，但是，如果能够掌握这三者之间的关系，就可以在很大范围内改变结晶高聚物材料的性能。

以聚三氟氯乙烯为例，其熔点为 210℃。如果缓慢冷却，结晶度可达 85%～90%，用淬火的方法可使其结晶度降到 35%～40%。PCTFE 耐腐蚀性虽比 PTFE 差，但是加工性能好，常被涂于化工容器表面防腐，结晶度的控制很重要，结晶度高的产品，硬而脆，耐冲击性能不强，为提高其韧性，淬火处理，获得低结晶度涂层。另外，它还用于制造防腐零件。但不能长期在120℃以上使用，因为，它在120℃以下结晶速度很慢，超过该温度，结晶速度增加，将使零件耐冲击强度降低，易于破裂损坏。

对于聚乙烯，作薄膜用时要求透明性和韧性好，结晶度应低，作为塑料，要求有足够的强度和刚性，结晶度要高，因此在选用材料时，除了要分别选用 LDPE 和 HDPE 以外，在加工时也要注意。

对于涤纶纤维，当融化的聚酯从喷丝头出来后，若能迅速而均匀地冷却，其结晶速度快，结晶度低，结晶度低的聚酯纤维在牵伸时能达到的牵引倍数就比较大，使高分子链的取向性好，整个纤维的性能比较均匀，所以要严格控制纺丝吹风窗的温度。

3.4.4　分子量等因素对结晶高聚物的凝聚态结构的影响

分子量与结晶聚合物的凝聚态结构之间存在有规律的对应关系。分子量大于某一数值的样品，结晶度随分子量的增加而单调下降，一直到很高的分子量，最后趋于某一极限值。而在该分子量以下，结晶度几乎维持不变。

3.5　结晶热力学

3.5.1　结晶高聚物的熔融与熔点

在通常的升温速度下，结晶高聚物熔融过程的体积（或者比热容)-温度曲线如图 3-19(a) 所示，通过与小分子熔融过程比较后发现，二者既有相似之处又有不同之处，相似之处在于二者都发生热力学函数（体积、比热容等）的突变；不同之处在于小分子熔融发生在 0.2℃ 左右的窄温度范围内，而高分子有一个较宽的温度范围，叫熔限。在这个温度范围内发生边升温边熔融的现象。

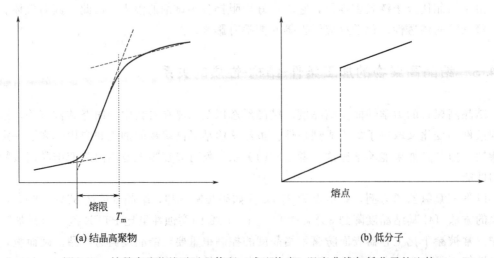

(a) 结晶高聚物　　　　　　　　　　(b) 低分子

图 3-19　结晶高聚物熔融过程体积（或比热容)-温度曲线与低分子的比较

实验事实表明高聚物结晶的熔化过程也是一级相转变过程，与小分子本质上是一样的，只有量的差别，没有质的区别。比热容-温度曲线上熔融终点处对应的温度就是其熔点。

结晶高聚物出现边熔融边升温现象的原因是结晶高聚物中含有完善程度不同的结晶，不完善的晶体在较低的温度下熔融，便出现较宽的熔限。而在缓慢升温情况下，可以使不完善的晶体充分熔融再结晶为完善的晶体（充分再结晶的机会），因为结晶和熔融是可逆的。

3.5.2 成型加工条件对熔点的影响

较高温度下慢速结晶得到的晶片厚而均匀，不同晶片的厚度差不多，所以熔限窄，熔点高；较低温度下快速结晶得到的晶片薄而不均匀（有多种厚度的晶片同时存在），所以熔限宽，熔点低。

拉伸有利于结晶（所以熔融纺丝总要牵伸），也有利于提高熔点。

3.5.3 高分子链结构对熔点的影响

3.5.3.1 等规烯类聚合物

当 PE 的次甲基规则地带上烷基取代基时，即等规聚 α-烯烃，由于主链内旋转位阻增加，分子链的柔顺性降低，熔点升高。但当正烷基侧链长度增加时，影响了链间的紧密堆积，使熔点下降，四碳以后，重新出现有序地堆砌，熔点回升（见图 3-20）。

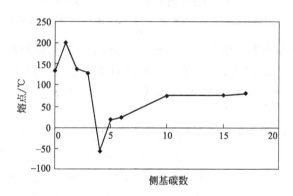

图 3-20 等规聚 α-烯烃的熔点与侧基碳数的关系

3.5.3.2 分子间作用力

增加高分子或者链段之间的相互作用，即在主链或者侧基上引入极性基团或者氢键，可以提高熔点。如主链上引入酰胺基—CONH—、酰亚胺基—CONCO—、氨基甲酸酯基—NHCOO—、脲基—NHCONH 等，侧基上引入羟基、胺基、氰基、硝基、醛基、羧基等，它们的分子间作用力都大于亚甲基—CH_2—，含有这些基团的聚合物的熔点都比 PE 高。

表 3-3　分子间作用力对聚合物熔点的影响

聚合物	T_m/℃	聚合物	T_m/℃	聚合物	T_m/℃
聚乙烯	137	聚氯乙烯	212	聚丙烯腈	317
聚己内酰胺	225	聚偏二氯乙烯	198	聚己二酰己二胺	265

对于分子间形成氢键的聚合物，熔点的高低还与氢键的强度和密度有关。图 3-21 是几类聚合物熔点的变化趋势。以聚乙烯为参照标准，脂肪族聚脲、聚酰胺、聚氨酯三类聚合物都能形成氢键，熔点都比 PE 高，其中又以聚脲最高，聚酰胺次之，聚氨酯最低，这是因为脲基比酰胺基多了一个亚胺基—NH—，形成氢键的密度增加，而聚氨酯的氨基甲酸酯基比酰胺基多了一个氧，链的柔顺性增加，部分抵消了形成氢键提高熔点的效应。这三类聚合物中，随着结构单元中碳原子数的增加，熔点都呈现下降趋势，熔点曲线都向着聚乙烯靠近，这是由于随着碳链的增长，氢键密度逐渐减小的缘故。

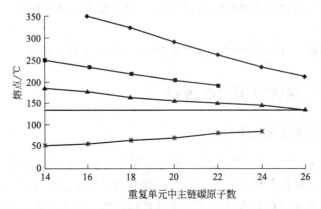

图 3-21　脂肪族同系聚合物熔点的变化趋势
（图中曲线由上到下依次为聚脲、聚酰胺、聚氨酯、聚乙烯、聚酯）

而主链上引入极性不大的酯基—COO—，使得链的柔顺性提高，超过其极性效应，使得脂肪族聚酯的熔点比 PE 低。当这类聚合物的结构单元的碳原子数增加时，酯基的比例下降，亚甲基的比例提高，链的刚性增加，熔点逐渐升高，其熔点曲线也向 PE 靠近。

进一步研究表明聚酰胺的熔点随着主链中相邻两酰胺基间碳原子数的增加呈锯齿形曲线下降，而不是如图 3-21 中的单调下降，由图 3-22 可见，聚 ω-氨基酸（均缩聚聚酰胺）中，偶数碳原子的熔点低，奇数碳原子的熔点高，这是由于前者形成半数氢键，后者形成全数氢键，但是熔点的整体趋势是随着碳原子数的增加而下降的，这是链的柔顺性和总体氢键密度共同作用的结果。同样，由二元酸和二元胺形成的聚酰胺（混缩聚聚酰胺），凡是二元酸和二元胺碳原子数全为偶数者，能够形成全部氢键，熔点高，全为奇数者和偶酸奇胺都形成半数氢键，熔点低。不过自然界中的奇数碳二酸和二胺非常少见，同样奇数碳的 ω-氨基酸也非常少见，所以工业化的尼龙一般都

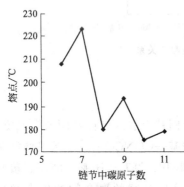

图 3-22　聚 ω-氨基酸碳原子数和
熔点之间的关系

为偶数碳。

3.5.3.3 分子链的刚性

上述聚酯和聚酰胺等聚合物熔点高低的例子说明，在判断聚合物熔点高低的时候，必须同时考虑分子间力和链的柔顺性这两个因素，表 3-3 中 PVC 和 PVDC 两个聚合物熔点的高低能够很好地说明这两个因素的影响结果。在前面章节中已经讲到一定的链的柔顺性是聚合物结晶的必要条件，也就是说链的柔顺性提高，将有利于结晶的形成，但是一旦形成结晶，却会使得晶体的熔点降低。PVC 的结构单元中有一个极性的氯原子，而 PVDC 的结构单元中有两个氯原子，后者的分子间力要大于前者，但是两个氯原子对称取代使得后者的柔顺性远远高于前者，柔顺性提高引起熔点降低的效应甚至超过了分子间力提高引起熔点升高的效应，造成 PVDC 的熔点虽然也比 PE 高，但是却比 PVC 低。

脂肪族的聚酯和聚醚都是低熔点的聚合物，这是因为在主链上引入的极性基团酯基和醚键的极性都不太大，而引入的—C—O—键的柔顺性比 C—C 键还要好，其对熔点的降低效应远远超过极性键的引入对熔点的提高效应，其熔点比聚乙烯还要低，因此无法作为材料使用，经常作为聚氨酯的一种原料在聚氨酯中引入软段，以增加聚氨酯的柔性。

主链上有孤立双键的聚合物如各种二烯类橡胶、顺丁橡胶、异戊橡胶（天然橡胶）、氯丁橡胶等，柔顺性很好，其熔点很低，如天然橡胶的熔点只有 28℃。而主链上带有共轭双键的聚合物，刚性非常大，其熔点很高，如聚苯的熔点高达 530℃。

通过在主链上引入环状结构、共轭双键或者在侧链上引入庞大而刚性的基团均可以实现提高熔点的目的，如在主链上引入苯环 ——⟨苯环⟩——、联苯环 ——⟨联苯环⟩——、萘环 ⟨萘环⟩、

均苯四酸二酰亚胺环 N—⟨结构⟩—N、共轭双键等，其中苯环是最常见的；在侧链上引入萘基、氯苯基、二氟代苯基、叔丁基等，表 3-4 中的数据充分说明了主链引入苯环对提高熔点的效应。

表 3-4　分子链刚性对聚合物熔点的影响

聚合物	结构单元	$T_m/℃$	聚合物	结构单元	$T_m/℃$
聚乙烯	—CH_2—CH_2—	137	聚对苯二甲酸乙二酯	—$(CH_2)_2$—OOC—⟨苯环⟩—COO—	265
聚对二甲苯	—CH_2—⟨苯环⟩—CH_2—	375	尼龙-66	—$NH(CH_2)_6NHCO(CH_2)_4CO$—	265
聚己二酸乙二酯	—$(CH_2)_2$—$OOC(CH_2)_4COO$—	41	聚对苯二甲酰对苯二胺	—NH—⟨苯环⟩—NHCO—⟨苯环⟩—CO—	430

具有梯形结构的聚合物如聚苯并咪唑 ⟨结构式⟩ 也是为了增加分子链

的刚性以提高其熔点，其熔点高达 500℃。

又如，叔丁基是一个相当大且刚性很大的基团，它可以使得高分子的主链僵硬化，所以聚 1-辛烯的熔点只有－38℃，而聚乙烯基叔丁烷的熔点却超过了 350℃。

聚四氟乙烯（PTFE）具有很高的熔点 327℃，在其结晶熔融后，接近其分解温度时还没有观察到流动现象，因此，它不能用加工热塑性塑料的方法进行加工。原因在于氟原子的电负性很强，氟原子间的斥力很大，链的内旋转非常困难，它的构象几乎接近棒状，刚性非常大。

3.5.3.4 分子链的对称性和规整性

增加主链的对称性和规整性，可以使得分子排列得更加紧密，熔融过程的熵变减小，故熔点提高。例如主链中苯环的异构化对熔点的影响很大。聚邻苯二甲酸乙二酯、聚间苯二甲酸乙二酯和聚对苯二甲酸乙二酯三者的熔点分别为 110℃、240℃和 265℃。对位聚合物的熔点比相应的间位和邻位聚合物要高。这是因为对位基团围绕其主链旋转 180°后构象不变，熵变小。而间位和邻位基团转动时构象就不相同，故熔点较低。

通常反式聚合物比相应的顺式聚合物的熔点要高一些，如反式聚异戊二烯（杜仲胶）和顺式的天然橡胶的熔点分别为 74℃和 28℃。

全同立构的聚丙烯在晶格中呈螺旋构象，而且在熔融状态时仍能保持这种构象，因而熔融熵变很小，熔点高。

自由基聚合得到的聚苯乙烯是非晶态聚合物，但是由配位聚合得到的全同立构聚苯乙烯由于规整性高，便可以结晶，由于侧基苯环的刚性很大，其熔点高达 240℃。

一般间同立构聚合物的熔点比全同立构的聚合物的熔点要高。如全同立构的聚甲基丙烯酸甲酯的熔点为 160℃，而间同立构的聚甲基丙烯酸甲酯的熔点超过 200℃。

表 3-5 所列为部分聚合物的熔点。

表 3-5 部分聚合物的熔点

聚合物	T_m/℃	聚合物	T_m/℃	聚合物	T_m/℃
聚乙烯	137	聚邻甲基苯乙烯	>360	尼龙-6	225
聚丙烯	170	聚对二甲苯	375	尼龙-66	265
聚 1-丁烯	126	聚甲醛	181	尼龙-99	175
聚 4-甲基-1-戊烯	250	聚氧化乙烯	66	尼龙-1010	210
聚异戊二烯（顺式）	28	聚甲基丙烯酸甲酯（全同）	160	三醋酸纤维素	306
聚异戊二烯（反式）	74	聚甲基丙烯酸甲酯（间同）	>200	三硝酸纤维素	>725
聚 1,2-丁二烯（间同）	154	聚对苯二甲酸乙二酯	267	聚氯乙烯	212
聚 1,2-丁二烯（全同）	120	聚对苯二甲酸丁二酯	232	聚偏二氯乙烯	198
聚 1,4-丁二烯（反式）	148	聚间苯二甲酸丁二酯	152	聚氯丁二烯	80
聚异丁烯	128	聚二酸乙二酯	76	聚四氟乙烯	327
聚苯乙烯	240	聚癸二酸癸二酯	80	聚三氟氯乙烯	220

3.5.4 共聚物的熔点

当结晶聚合物的单体与另一单体进行共聚时，如果该单体形成的聚合物本身不能结晶，或虽能结晶，但不能进入原结晶聚合物的晶格，形成共晶，则生成共聚物的结晶行为

将发生变化,结晶熔点 T_m 与原结晶聚合物的平衡熔点 T_m^0 的关系如下:

$$\frac{1}{T_m} - \frac{1}{T_m^0} = \left(-\frac{R}{\Delta H_u}\right)\ln P \qquad (3-9)$$

式中,P 为共聚物中结晶单元相增长的概率;R 为气体常数;ΔH_u 为每摩尔重复单元的熔融热;T_m^0 为聚合物的平衡熔点。

其热力学的定义是这样的。我们知道在熔点处,晶相和非晶相达到热力学平衡,即自由能变化为零。因此,

$$\Delta G = \Delta H - T\Delta S = 0$$

$$T = T_m^0 = \frac{\Delta H}{\Delta S} \qquad (3-10)$$

这就是平衡熔点的定义。然而高分子结晶时常难以达到热力学平衡,熔融时也就难以达到两相平衡,故一般不能直接测得平衡熔点。

以上关系表明,共聚物的熔点与组成没有直接的关系,而是取决于共聚物的序列分布情况。

下面按照共聚物的类型分别进行讨论。

3.5.4.1 无规共聚物

对于无规共聚物,$P \equiv X_A$,(结晶单元的摩尔分数),随非晶共聚物单元的增加,熔点降低,直到一个适当的组成,这时共聚物两个组分的熔点相同,达到低共熔点(见图 3-23)。

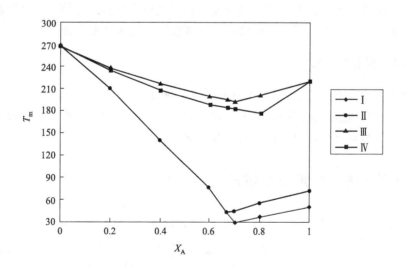

图 3-23　无规共聚物的熔点

(Ⅰ—对苯二甲酸、己二酸与乙二醇共聚物;Ⅱ—对苯二甲酸、癸二酸与乙二醇共聚物;
Ⅲ—己二酸、癸二酸与己二胺共聚物;Ⅳ—己二酸、己二胺与己内酰胺共聚物)

3.5.4.2 嵌段共聚物

对于嵌段共聚物,$P \gg X_A$,有时甚至接近于 1,该类共聚物大多只有轻微的相对于

其均聚物的熔点降低。也就是说，当共聚单体的含量增加到很大时，熔点仍然维持不变，并且与共聚单体的化学结构无关。一直到共聚单体的含量达到某一组成后，熔点才发生急剧降低，最后稳定在添加组分的结晶熔点上（见图3-24）。

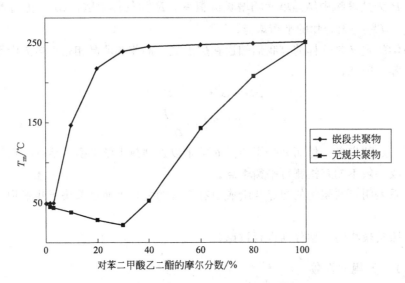

图 3-24 对苯二甲酸/己二酸/乙二醇共聚物的熔点

在适当的组成时，嵌段共聚物的熔点会发生急剧地变化这一事实，为通过共聚调整材料的性能提供了可能。例如，一个结晶共聚物通过嵌段共聚，并控制适当的共聚单体的配比，可以有效降低其熔点、模量和拉伸强度。通过选择适当的共聚单体，可以在保持所希望的力学性能的同时，提高其他一些性质，如可燃性、吸水性或者弹性等。

3.5.4.3 交替共聚物

对于交替共聚物 $P \ll X_A$，熔点将具有明显的降低。

因此，具有相同组成的共聚物，因序列分布不同，其熔点具有很大的差别。在实际应用中，嵌段和无规共聚均可用于有目的地降低熔点。

3.5.5 杂质对高聚物熔点的影响

根据经典的相平衡热力学，杂质使低分子熔点降低，服从如下关系式

$$\frac{1}{T_m} - \frac{1}{T_m^0} = -\frac{R}{\Delta H_u} \ln \alpha_A \tag{3-11}$$

式中，α_A 为结晶组分的活度，当杂质浓度很低时，它等于结晶部分的摩尔分数 X_A。

对于结晶高聚物，诸如增塑剂、残留单体及其他可溶性添加剂等低分子的稀释剂所造成的熔点降低也有类似的公式。如果低分子稀释剂的体积分数为 φ_1，则

$$\frac{1}{T_m} - \frac{1}{T_m^0} = \frac{R}{\Delta H_u} \times \frac{V_u}{V_1} (\varphi_1 - \chi_1 \varphi_1^2) \tag{3-12}$$

式中，V_u、V_1、φ_1、χ_1 分别为高分子重复单元和小分子稀释剂的摩尔体积、体积分

数和高分子与稀释剂的作用参数。对于溶解能力很好的稀释剂，χ_1可为负数，随着溶解能力的降低，其值增大，可见良溶剂使高聚物熔点降低更多。

端基可以当作杂质处理，它也会引起结晶熔点的降低。

$$\frac{1}{T_m} - \frac{1}{T_m^0} = 2/P_n\left(\frac{R}{\Delta H_u}\right) \tag{3-13}$$

式中，P_n为数均聚合度，而非数均分子量。可见分子量越小，端基对熔点降低的作用越明显。

对于一般的加聚物如 PE、PP、PVC 等，一般聚合度非常大，为几十万甚至更高，端基对其熔点的影响很小，而对于一般的缩聚物，如 PET、尼龙等一般分子量较小，在几万的数量级，端基的影响就比较大了。

3.6　高聚物的取向态结构

3.6.1　高聚物的取向现象

当线形高分子充分伸展的时候，其长度为其宽度的 $10^2 \sim 10^4$ 倍，这种结构上悬殊的不对称性，使其在某些情况下很容易沿某特定方向作占优势的平行排列，这就是取向。聚合物的取向现象包括分子链、链段的取向以及结晶聚合物的晶片等沿特定方向的择优排列。取向态与结晶态都与高分子的有序性有关。但是取向态是一维或二维在一定程度上的有序，而结晶态则是三维有序的。因而能够很好取向的聚合物不一定能结晶。

未取向的聚合物材料是各向同性的，即各个方向上的性能相同。而取向后的聚合物材料是各向异性的，即方向不同，性能也不同。

取向使得高聚物的很多性能发生了显著变化。对于力学性能来说，抗张强度和挠曲疲劳强度在取向方向上显著增加，而在与取向方向垂直的方向上则降低，冲击强度和断裂伸长也发生相应变化。取向造成高分子出现双折射现象，即在平行和垂直于取向方向上的折射率发生了变化，光学各向异性以其差值表示。

$$\Delta n = n_{/\!/} - n_{\perp} \tag{3-14}$$

式中，$n_{/\!/}$ 和 $n_{\perp}$ 分别表示平行于和垂直于取向方向的折射率。

取向使玻璃化温度提高，结晶高聚物的密度和结晶度也提高，因此提高了高分子的使用温度。

取向高分子分为单轴取向和双轴取向两类（见图 3-25），其中纤维的拉伸是最常见的单轴取向的例子，纤维成型时，从喷丝孔出来时已经部分取向，再经过牵伸若干倍，使进一步取向，强度提高。最常见的双轴取向材料是薄膜材料。单轴取向薄膜只在薄膜平面的某一方向上具有高强度，而垂直取向方向上强度却降低，实际应用中，薄膜将在该方向上首先被破坏。而双轴取向的薄膜，分子链平行于薄膜的任意方向，薄膜在平面上具有各向同性。

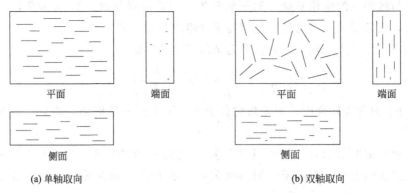

| 平面 | 端面 | 平面 | 端面 |

| 侧面 | 侧面 |

(a) 单轴取向   (b) 双轴取向

图 3-25　取向高分子中分子取向示意图

3.6.2　高聚物的取向机理

高分子的取向分链段取向和整个分子链取向两种（见图 3-26）。链段取向可以通过单键的内旋转实现，这种取向过程在高弹态下就能进行；而分子链的取向需要高分子各链段协同运动才能实现，只有处于黏流态才能实现。

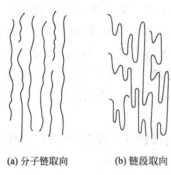

(a) 分子链取向　　(b) 链段取向

图 3-26　分子链取向和链段取向示意图

不同取向的高分子的性能是不同的，分子链取向的材料具有明显的各向异性，而链段取向的材料就不明显。取向过程是链段运动的过程，需要克服分子间的作用力，因此完成取向需要一定时间，两种取向方式需要克服阻力的大小不同，因此，其取向速度也不相同。在外力作用下，首先发生链段取向，然后才是整个分子的取向。

取向与热运动是相反的过程，前者是分子的有序化过程，必须依靠外力作用实现；后者是自发过程，使分子趋向无序。因此取向状态是热力学上的非平衡态。

在高弹态，拉伸可以使链段取向，但一旦外力除去，就会自发解取向；在黏流态下，分子链可以取向，外力消失后，分子也要解取向。为了维持取向状态，必须使温度迅速降到玻璃化温度以下，将分子和链段的运动"冻结"起来，这种状态仍是热力学非平衡态，只有相对稳定性，时间长了，尤其是温度升高或高聚物被溶剂溶胀后，就会解取向，取向过程快的，解取向也快。

结晶高聚物的取向，除了非晶区可能发生链段取向和分子取向以外，还可能发生晶粒沿着外力方向的择优取向。结晶高聚物的取向态比非晶高聚物的要稳定，因为这种稳定性是靠取向的晶粒来维持的，在晶格破坏之前，解取向是无法发生的。

3.6.3 取向研究的应用

合成纤维生产中广泛采用牵伸工艺来提高纤维的强度。纺丝时拉伸使纤维取向度提高后，虽然抗张强度提高，但是由于取向过度，分子排列过于规整，分子间相互作用力太大，分子的弹性却太小了，纤维变得僵硬、脆。为了获得一定的强度和一定弹性的纤维，可以在成型加工时利用分子链取向和链段取向速度的不同，用慢的取向过程使整个分子链获得良好的取向，以达到高强度，然后在很短的时间内用热空气和水蒸气很快地吹一下，使链段解取向，使之具有弹性。热处理（热定型）除了以上目的外，还可减小纤维的沸水收缩率。

各种纤维要求的取向程度是不同的。这由分子的刚性程度、能否结晶、分子间相互作用力大小等因素决定。例如纤维素的分子刚性较大，只需要牵伸80%～120%就可以了，而柔性的聚乙烯纤维则需要牵伸600%～800%。

要制备稳定的具有相当弹性的取向纤维或薄膜，需要解决为了使取向态稳定必须减少分子的活动能力和为了维持弹性必须增加分子的活动能力之间的矛盾。对于非晶高分子，无论分子刚性还是柔性，都无法解决这一矛盾。如果是柔性高分子，则取向的高聚物不稳定，很容易解取向；如果高分子是刚性的，则制备的纤维弹性不足，是脆性的。只有刚柔适中的高分子才能满足这两个方面的要求，可惜这样的高分子太少了。而结晶高聚物的取向态是靠结晶来维持的，较之非晶态要稳定得多。另一方面，结晶高聚物的复杂结构和内部的缺陷以及非晶区的存在，使之又具有一定的弹性。所以大多数合成纤维和薄膜都是由结晶高聚物制得的。

对于双轴取向制品，板材加工时采用从相互垂直方向进行双向拉伸，对管材进行吹塑工艺，同时在纵向进行拉伸。

塑料制件往往形状复杂，无法进行拉伸取向，但取向对塑料制品也具有重要意义。塑料要求具有良好的取向能力。对于外形比较简单的薄壁塑料制品，利用取向来提高强度的例子很多，例如战斗机的透明机舱罩、安全帽的生产、中空制品的吹塑成型等。

3.7 高聚物的液晶态结构

3.7.1 液晶态结构

某些物质的结晶在熔融或溶解之后，虽然失去固态物质的刚性，获得液态物质的流动性，却仍然部分保持晶态物质的有序排列，从而在物理性质上呈现各向异性，形成一种兼有晶体和液体部分性质的过渡状态，称为液晶态，这种物质称为液晶。

研究表明，形成液晶的物质通常具有刚性的分子结构，分子长径比非常大，呈现棒状或者近似棒状的构象。同时还必须具有在液态下维持分子的有序排列所必需的凝聚力，这常常与分子中含有对位亚苯基、强极性基团和高度可极化基团或氢键相联系。此外液晶的流动性要求分子结构上必须有一定的柔性部分，例如烷烃链等。

液晶按形成方式分为热致型液晶和溶致型液晶两类；热致型液晶是指通过加热而形成液晶态的物质，如共聚酯、聚芳酯等。而溶致型液晶是指在某一温度下，因加入溶剂而呈现液晶态的物质——核酸、蛋白质、芳族聚酰胺和聚芳杂环等。

根据液晶晶原部分结构分为筷型、碟型、碗型；根据分子排列的形式和有序性的不同，分为近晶型、向列型和胆甾型三种。三类液晶结构的示意图如图 3-27 所示。三类液晶在偏光显微镜下会出现特征的图案，称为织构。向列型液晶的典型织构是纹影织构（四黑刷或两黑刷），近晶型液晶是扇形织构，胆甾型液晶是指纹型织构。织构是由于分子的连续取向出现缺陷（称为向错）引起的（见图 3-28）。

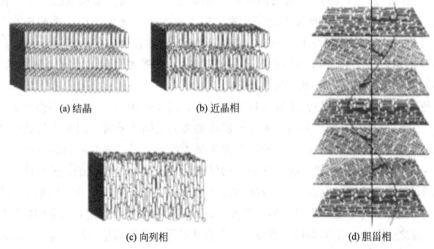

(a) 结晶　　　　　　　(b) 近晶相

(c) 向列相　　　　　　　(d) 胆甾相

图 3-27　结晶和三类液晶分子结构示意图

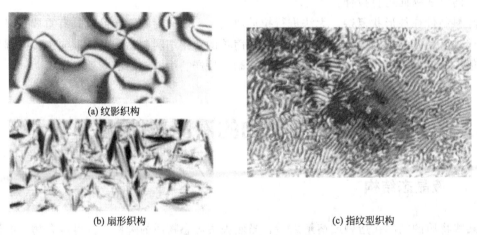

(a) 纹影织构

(b) 扇形织构　　　　　　　(c) 指纹型织构

图 3-28　三类液晶的典型织构

另一方面，大多数液晶高分子（无论哪种类型）在受到剪切力作用时，会形成一种所谓"条带织构"的黑白相间的规则图案［见图 3-29(a)］，条带方向与剪切方向垂直。这是由于分子链被取向后再停止剪切时回缩形成的一种波浪形或锯齿形结构［见图 3-29(b)］，它们是在偏光显微镜下发生规则的消光而引起的。因而出现条带织构也往往作为高分子形成液晶的证据。

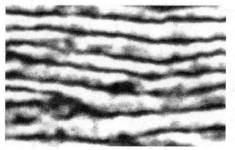
(a) 偏光显微镜照片

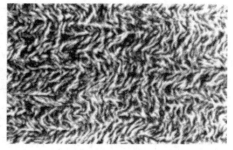
(b) 扫描电子显微镜照片(样品经刻蚀,可清楚地看见分子束)

图 3-29　聚芳酯液晶的条带织构

按液晶基元所在位置分为主链型液晶和侧链型液晶（见图 3-30）。

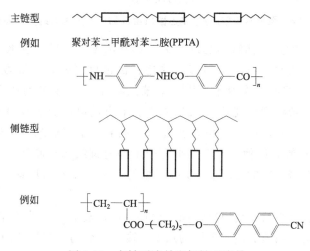

图 3-30　主链型液晶和侧链型液晶

3.7.2　高分子液晶的结构、性能和应用

杜邦公司的女科学家 Kevlar 发现,具有刚性链结构的全对位芳族聚酰胺在溶液中可以形成向列型液晶,例如聚对苯甲酰胺溶解在二甲基乙酰胺-氯化锂溶液中,聚对苯二甲酰对苯二胺溶解在浓硫酸中,前者由于原料的缘故被放弃,后者被系统研究,其溶液具有不同于一般高分子溶液的一系列性质,其中具有特殊意义的是其独特的流动特性。其黏度-浓度关系曲线和在剪切力作用下的流动曲线分别如图 3-31 和图 3-32 所示。

从上到下各曲线的浓度依次为 5%、7%、3% 和 9.5%。其中 3% 和 5% 是各向同性溶液的黏度行为,而另两条就是液晶的黏度行为。

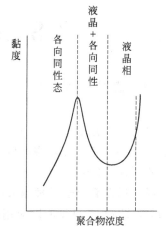

图 3-31　聚对苯二甲酰对苯二胺/浓硫酸溶液的黏度-浓度曲线

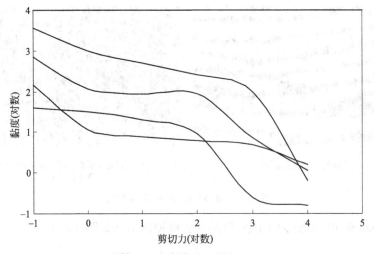

图 3-32　聚对苯甲酰胺/甲基乙酰胺溶液黏度与剪切力的关系曲线

　　根据溶致型液晶的这种独特的黏度行为，即高浓度、低黏度和低切变速率下的高取向度，而发展起了液晶纺丝技术，可以解决通常高浓度必然带来高黏度的问题。例如：当纺丝液的温度为 90℃时，聚对苯二甲酰对苯二胺/浓硫酸溶液的浓度可以提高到 20％左右，而一般的纺丝液浓度只能达到 12％左右，而且液晶高分子本身具有取向性，可以在较低的牵伸力下获得高取向度。率先实现工业化的就是聚对苯二甲酰对苯二胺芳纶纤维，被称为 Kevlar 纤维，这种纤维中几乎完全呈伸直链结构，使纤维具有高强度和高模量。其强度是钢的 5 倍，铝的 10 倍，玻璃纤维的 3 倍。发明以后被广泛应用于防弹衣、冲锋舟等。

　　向列型液晶具有灵敏的电响应特性和光学特性，将透明的向列型高分子液晶薄膜夹在两块导电玻璃板之间，在施加适当电压的点上，高分子变为各向异性的液晶，不透明，如果电压以某种图形加在玻璃板上，便产生图像。这就是近年来得到迅猛发展的液晶显示技术。

3.8　共混高聚物的织态结构

3.8.1　高分子混合物

　　根据混合组分的不同，高分子混合物分为高分子-增塑剂混合物，即增塑高分子；高分子-填充物体系，以增强高聚物为主；以及高分子-高分子混合物体系，被称为共混高分子或者高分子合金。

　　虽然现在高分子品种越来越多，但大约近十种通用聚合物的产量就占了高分子总产量的 80％以上。可见实际应用的聚合物品种是屈指可数的。高聚物的一种重要的改性方向就是将不同品种的聚合物用物理的办法混合在一起，这种混合物称为高分子共混物。共混物常具有某些性能方面的优越性。由于共混物与合金有很多相似之处，因而人们也形象地称高分子共混物为高分子合金。如果两种高分子间相容性太差，混合后会发生宏观的相分离，因而没有实用价值。相当一部分高分子间能有一定的相容性，可以形成共混物。

共混高聚物可以用两类方法制备，机械共混、溶液浇铸共混、乳液共混属于物理共混；而溶液接枝和溶胀聚合则属于化学共混。

但绝大多数高分子之间的混合物不能达到分子水平的混合，也就是说不是均相混合物，而是非均相混合物，俗称"两相结构"或"海岛结构"，也就是说在宏观上不发生相分离，但微观上观察到相分离结构。它们比能够达到分子水平共混的一类共混物具有一系列独特的性质，更具有实际意义和应用价值。

3.8.2 高分子的相容性

要实现完全混合，必须使混合自由能小于零：

$$\Delta F = \Delta H - T\Delta S \leqslant 0 \tag{3-15}$$

由于高分子的分子量很大，混合熵很小，而且高分子混合一般吸热，即焓变为正，因此，要使混合自由能为负是非常困难的。而幸运的是，除了极少数能够完全相容的共混高分子体系具有实际应用价值以外，部分相容的具有两相结构的共混物更具有应用价值，如图 3-33 所示。

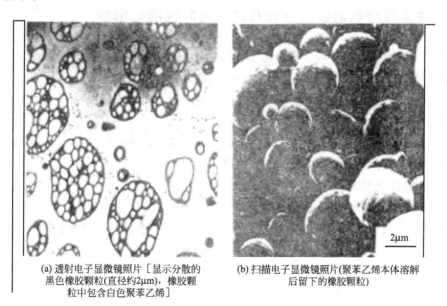

(a) 透射电子显微镜照片［显示分散的
黑色橡胶颗粒(直径约2μm)，橡胶颗
粒中包含白色聚苯乙烯］

(b) 扫描电子显微镜照片(聚苯乙烯本体溶解
后留下的橡胶颗粒)

图 3-33　高抗冲聚苯乙烯的形态结构

高分子的相容性不像小分子那么简单。不只是相容与不相容，而且还有相容性的好坏。

判断两种高分子能否相容，可以采用相似相容的原则，也常用极性相近的原则，但并不总是有效的。一般来说，极性高聚物的相容性比较好，如果结构相似，那么相容性会更好，如淀粉和纤维素；非极性的高聚物即使相似性好，也比较难以相容，如聚乙烯和聚丙烯。从式(3-15)可以看出，提高温度可以使得 ΔF 更容易得到负值，也就是说提高温度可以使高聚物的相容性提高。

用实验的方法可以更为可靠地判断两个聚合物的相容性的好坏。

① 把两种高分子分别溶解在相同的溶剂中，再相混合，看混合以后的情况来判断。

② 将混合的溶液浇到模子中，观察得到的薄膜的透明性来判断相容性。

③ 两种高分子直接在辊筒上熔化轧片（或压力机热压成片），根据薄片的光洁度和透明性判断。

3.8.3 共混高聚物凝聚态的主要特点

共混高分子处于一种准稳定态。热力学不稳定，动力学稳定。但嵌段共聚物形成的非均相体系是热力学稳定的。

共混高分子混合物的分散程度取决于组分间的相容性。相容性太差，易于造成宏观相分离，甚至肉眼可见；相容性适中的混合物才具有实用价值，在某些方面上表现出优异的性能，其相分离是微观或亚微观的相分离，在外观上是均匀的，甚至在光学显微镜下也观察不出分相现象，但在电镜下仍可观察到，如图 3-33 所示。完全混溶的高分子，除了少数由于协同作用有实用价值外，通常没有实际价值。

3.8.4 共混高聚物的织态结构及其对材料性能的影响

共混高聚物结构非常复杂，有很多理论模型用于描述其织态结构，但是都不能完全解释所有的现象。

前已述及，在共混高聚物中，具有实际意义的是由一个连续相和一个分散相组成的共混物，根据二相"软"、"硬"情况可以分为以下四类。

① 分散相软（橡胶)-连续相硬（塑料），例如：橡胶增韧塑料（ABS、HIPS）。

② 分散相硬-连续相软，例如：热塑性弹性体（SBS）。

③ 分散相软-连续相软，例如：天然橡胶与合成橡胶共混。

④ 分散相硬-连续相硬，例如：PE 改性 PC。

共混高聚物的性能较之其各个组分的性能会有很大的变化，下面分别简单介绍。

光学性能：大多数非均相的共混物不再具有透明性，如 ABS 塑料为乳白色，连续相 AS 透明，分散相丁苯胶也透明。但是也有的共混物如由有机玻璃为主要成分，与聚苯乙烯共混得到的 MBS 树脂通过控制两相组成，使两相折射率相近，可以得到透明高抗冲 MBS。又如透明 SBS 塑料（嵌段共聚物），PB 段为连续相，PS 分散其中，但是由于微区尺寸小到 10nm，因而不影响光线通过而成为透明的。

热性能：非晶高聚物使用温度上限为 T_g，增塑可以提高韧性，但会降低 T_g，使用温度上限下降，但通过共混，则不会降低 T_g，如橡胶增韧塑料可以大幅度提高韧性而又不降低使用温度，高抗冲 PS 塑料是典型的应用实例。

力学性能：橡胶增韧塑料提高韧性，不至于过多牺牲模量和抗张强度，以增塑和无规共聚无法实现，为脆性价廉的 PS 的应用开拓了市场。

专题讲座之二 从乙烯-丙烯共聚物材料看共聚物的结晶与性能

在上一章的专题讲座之一中，我们探讨了实际的聚乙烯和聚丙烯的种类及其结构和构型，我们知道常见的 HDPE、LDPE 以及 PP 都是均聚物，由于链的对称性或者规整性比较高，都具有非常好的结晶性能，而 LLDPE、MDPE 以及 PP-R 则是共聚物，其中 LLDPE 是乙烯与 1-丁烯、1-己烯或者 1-辛烯的共聚物，MDPE 是乙烯与丙烯等的共聚物，PP-R 则是丙烯与乙烯的共聚物，它们一个共同的特点就是以一种单体为主，加入少量的共聚单体，如 MDPE 是以乙烯为主，丙烯等的加入量在 5% 左右，而 PP-R 则是以丙烯为主，加入 1%～7% 的乙烯。从本章的讲授内容，我们知道这样的共聚物还是能够结晶的，连续相为共聚物中主要单体的聚合物形成的结晶相，而共聚单体则以缺陷或者分散相分散在连续相中。虽然能够结晶，但是结晶能力下降，结晶度降低，作为结晶性聚合物，其耐冲击性能和表面光洁度都会提高，因此扩大了其应用范围。

还有一种乙烯与丙烯的共聚物就是乙丙橡胶（EPR），是 60% 左右的乙烯与丙烯的共聚物，前已述及，Natta 一开始用配位聚合合成 PP，预计会得到一种橡胶，但是，最终得到的却是一种结晶性很好的塑料。我们通过本章的内容知道，由于这种 PP 链的规整性很好，容易结晶，所以它是很好的塑料。后来 Natta 用与生产 PP 类似的方法，制造了乙烯-丙烯的无规共聚物，就是 EPR，终于得到了他想得到的橡胶。通过本章的内容，我们知道这是由于在共聚物的各个组分处于某个中间组分时，共聚物的结晶能力就会大大降低，甚至完全失去结晶能力。实际上 Natta 在实验室里，进行了多次试验，改变乙烯和丙烯的配比，终于得到了这种中间组成的几乎没有结晶能力的乙丙橡胶。

专题讲座之三 从蒸馒头这一日常生活实例看高分子的相容性

判断共混高聚物相容性的好坏可以采用相似相容和极性相近两个原则，这是判断两个高聚物能否混合到一块的一个简单标准。同时，从本章的式(3-15) 可以看出，提高温度也可以提高高聚物的相容性。我们都见过蒸馒头，我们也都知道，蒸馒头时要放笼屉布，一般都采用细密的棉纤维布，而我们都对馒头出锅时粘在笼屉布上的现象深有体会，这是为什么呢？其实，用我们本章学习的高分子相容性的概念就可以很好地解释这一现象。

众所周知，馒头的主要成分是淀粉，而笼屉布的主要成分是纤维素，它们都是葡萄糖的聚合物，只不过一个是通过 α-1,4-糖苷键，一个是通过 β-1,4-糖苷键相连的，由于分子中都含有大量的羟基，它们都是极性很强的聚合物，同时又结构相似，因此符合相似相容和极性相近两条原则，它们的相容性很好。同时在高温下蒸馒头，温度高又提高了其相容性，所以，馒头就粘在了笼屉布上。而我们也知道在馒头出锅时，人们用凉水洒在布上，应该说有两个方面的原因：一方面是相当于对材料的一种淬火处理，使得布收缩；另一方面，温度下降，相容性也下降，所以就比较容易分离了。

而现在蒸馒头已经不再使用棉纤维作为笼屉布了，而采用丙纶纤维编织袋作为笼屉布，这样馒头就不会发生与笼屉布的粘连了，因为丙纶就是聚丙烯，它是非极性高分子材料，与淀粉的极性相差极大，结构差别也很大，所以二者的相容性就很差，因此就不会发生粘连了。

有必要指出，现在网络上关于用丙纶编织袋作笼屉布有毒的说法甚嚣尘上，实际上PP是安全无毒的塑料，可以在微波炉中使用，耐高温，不必担心其毒性问题。在专题讲座之一中我们已经提到了，它完全可以用于食用品的运输和包装。

专题讲座之四 不粘锅涂料

我们家庭生活中几乎每家都在应用不粘锅，无论是蒸锅还是炒锅。那么不粘锅为什么会既不粘油也不粘水呢？原来这是由于不粘锅的表面涂覆了一种商品名为特氟龙的高分子涂料，特氟龙是杜邦公司开发的含氟高分子材料的统称，其中最主要的是聚四氟乙烯（PTFE）。该高分子材料有非常低的表面能，既不亲油也不亲水，因此涂覆有这种涂料的锅也就具有既不粘油也不粘水的特点——也就是所谓的不粘锅。聚四氟乙烯是耐腐蚀性最强的高分子材料，号称塑料王，王水都奈何它不得。同时聚四氟乙烯的结构对称性非常好，其结晶性很强；由于氟原子的电负性很强，原子间的斥力很大，链的内旋转非常困难，它的构象几乎接近棒状，刚性非常大，其结晶熔点特别高，耐高温性能强，可以长期在260℃以上的高温使用，熔点接近330℃。

21世纪初，美国环保署开始调查杜邦公司的不粘锅涂料的毒性问题，主要是针对其采用分散法生产PTFE时所采用的分散剂——全氟辛酸铵进行的。在1981年6月～2001年3月间，杜邦未能向其通报全氟辛酸铵可能对人体和环境有害，违反了《联邦有毒物质管制法》和《联邦资源保护与恢复法》，环保署因而决定对杜邦提出指控。实际上，至今全氟辛酸铵也没有列入美国和欧盟其他国家的有毒物质管制物目录，有关其毒性的问题只是停留在猜测或者疑似的阶段。

此后，有关不粘锅涂料的毒性问题持续发酵，至今未能平静，尤其是在中国，有关不粘锅涂料会引发癌症等的传闻时有所闻。实际上美国环保署并没有对PTFE的毒性持任何的怀疑态度，使用杜邦公司生产的不粘涂料制作的不粘锅，在一般温度下对人体是完全无害的。只有当温度达到260℃的时候，这些不粘涂料才会变形。当温度达到340℃的时候，涂料才会分解。一般情况下，做饭根本达不到这么高的温度。实际上，绝大多数的高分子材料如果不分解或者不残留小分子，都是安全无毒的，但是一旦分解就会放出可能有毒的小分子物质，不粘锅涂料也一样。因此不粘锅有无毒性的关键是看我们使用这些不粘锅时的温度是否达到了PTFE的分解温度。

思考题与习题

1. 为什么聚甲醛是工程塑料，而聚环氧乙烷则不能直接作塑料使用？
2. 有两种乙烯和丙烯的共聚物，其组成相同，但是其中一种室温时是橡胶状的，一

直到温度降至 $-70^{\circ}C$ 时才变硬，另一种室温时却是硬而韧又不透明的材料，解释它们结构和性能上的差别。

3. 用体积加和性和质量加和性推导聚合物结晶度与密度的关系公式：$f_c^{w} = \dfrac{1/\rho_a - 1/\rho}{1/\rho_a - 1/\rho_c}$，

$f_c^{v} = \dfrac{\rho - \rho_a}{\rho_c - \rho_a}$。

4. 完全非晶的聚乙烯的密度为 $0.85g/cm^3$，如果其内聚能密度为 $8.55kJ/mol$ 重复单元，计算其内聚能密度。

5. 有全同立构聚丙烯一块，其体积为 $1.42cm \times 2.95cm \times 0.52cm$，质量为 $1.94g$，计算其体积结晶度和质量结晶度。

6. 为什么一般 PS、PC 和 PMMA 是透明的材料，而 ABS 和 PE、尼龙、POM 则是乳白或者乳黄色的？

7. 为什么合成纤维材料一般是结晶性高分子材料？

8. 有一种"撕不烂"的名片，是使用双向拉伸聚酯塑料制作的，解释其"撕不烂"的原因。

9. PET 的平衡熔点为 $146^{\circ}C$，熔融热为 $26.9kJ/mol$ 重复单元，计算当其数均分子量由 1.5×10^4 增长到 3×10^4 时，熔点将升高多少？

第4章
高分子的溶液性质

高聚物以分子状态溶解于溶剂中所形成的均相混合物叫做高分子溶液。高聚物溶液从广义上包括稀溶液（1%以下）、浓溶液（纺丝液、油漆等）、冻胶、凝胶、增塑高分子、能够完全相容的共混高分子等。

4.1 高聚物的溶解

4.1.1 高聚物溶解过程的特点

不同类型的高聚物的溶解方式不同。对于非晶态高聚物，溶剂分子容易渗入高聚物内部使之先溶胀后溶解。对于晶态高聚物，溶剂分子渗入高聚物内部非常困难，其溶胀和溶解困难。其中极性晶态高聚物在室温时采用极性溶剂能够溶解。而非极性晶态高聚物室温时难溶，升温至熔点附近，使晶态高聚物转变为非晶态高聚物后，才能再溶解。因此非极性的结晶高聚物是最难溶解的，如聚乙烯、聚丙烯等。

对于交联的高分子则只能发生溶胀，不会溶解。分子量大的溶解度小，交联度大的溶胀度小。

4.1.2 高聚物溶解过程的热力学解释

在恒温恒压下，溶质能自发溶解于溶剂的条件是混合自由能为负。$\Delta F = \Delta H - T\Delta S \leqslant 0$；而溶解过程是分子的排列趋于混乱，熵变为正值，因此混合自由能的正负取决于混合热的正负和大小。

① 对于极性高聚物与极性溶剂，溶解时放热 $\Delta H < 0$，体系的 $\Delta F < 0$，溶解过程能够自发进行。

② 对于非极性高聚物，溶解过程一般是吸热的，故，只有在 $|\Delta H| < T|\Delta S|$ 时，才能溶解。即，升高温度或减小混合热才能使体系自发溶解。混合热可用小分子的溶度公式

（Hildebrand 公式）来计算：

$$\Delta H = V\Phi_1\Phi_2[(\Delta E_1/V_1)^{1/2} - (\Delta E_2/V_2)^{1/2}]^2 \tag{4-1}$$

式中，Φ 为体积分数；V 为体积；下角 1 代表溶剂；下角 2 代表溶质；$\Delta E/V$ 为内聚能密度，混合热是由于两种物质内聚能密度不等引起的。内聚能密度的平方根称为溶度参数

$$\delta = (\Delta E/V)^{1/2} \tag{4-2}$$

则式(4-1)可以写为：

$$\Delta H/V\Phi_1\Phi_2 = (\delta_1 - \delta_2)^2 \tag{4-3}$$

式(4-3)只适用于非极性溶液体系，显然 δ_1、δ_2 越接近，高分子在这种溶剂中越容易溶解，因此称为溶度参数。

对于极性高聚物，不但要求它与溶剂溶度参数中的非极性部分接近，还要求极性部分接近，才能溶解。例如，PS 是弱极性的，$\delta = 9.1$，溶度参数为 8.9～10.8 的甲苯、苯、氯仿、苯胺等极性不大的溶剂都可以溶解它，而溶度参数为 10 的丙酮由于极性太强，不能溶解它。

溶度参数是高聚物的重要参数，如何得到它呢？

（1）溶胀法　用交联聚合物，使其在不同溶剂中达到溶胀平衡后测其溶胀度，溶胀度最大的溶剂的溶度参数即为该聚合物的溶度参数。

（2）黏度法　即按照溶度参数原则，溶度参数越是接近相溶性越好，相溶性越好的溶液黏度越大。所以把高分子在不同溶剂中溶解，测其黏度，黏度最大时对应的溶剂的溶度参数即为此高分子的溶度参数。

（3）计算法　如下

$$\delta = \frac{\sum F}{V} \tag{4-4}$$

式中，F 为聚合物各结构基团的摩尔引力常数，可以从手册上查到；V 为重复单元的摩尔体积。

以 PMMA 为例：

$$\underset{269}{\{CH_2} \underset{65.6}{\overset{\overset{\overset{\textstyle O}{\overset{\|}{668.2}}}{\underset{303.4}{C} - O - CH_3}}{C}\}_n}$$

$$\sum F = 269 + 65.6 + 668.2 + 303.4 \times 2 = 1609.6，V = M/\rho = (5C + 2O + 8H)/1.19 = 100/1.19$$

$$\delta = \frac{\sum F}{V} = 19.154$$

表 4-1 和表 4-2 分别列出了若干聚合物和溶剂的溶度参数，而表 4-3 列出了一些常见基团的摩尔引力常数。

表 4-1　聚合物的溶度参数

聚合物	$\delta/(J/cm^3)^{1/2}$	聚合物	$\delta/(J/cm^3)^{1/2}$
聚甲基丙烯酸甲酯	18.4～19.4	聚三氟氯乙烯	14.7
聚丙烯酸甲酯	20.1～20.7	聚氯乙烯	19.4～20.5

聚合物	$\delta/(\mathrm{J/cm^3})^{1/2}$	聚合物	$\delta/(\mathrm{J/cm^3})^{1/2}$
聚乙酸乙烯酯	19.2	聚偏氯乙烯	25.0
聚乙烯	16.2~16.6	聚氯丁二烯	16.8~19.2
聚苯乙烯	17.8~18.6	聚丙烯腈	26.0~31.5
聚异丁烯	15.8~16.4	聚甲基丙烯腈	21.9
聚异戊二烯	16.2~17.0	硝酸纤维素	17.4~23.5
聚对苯二甲酸乙二酯	21.9	丁腈橡胶	
聚己二酸己二胺	25.8	82/18	17.8
聚氨酯	20.5	75/25~70/30	18.9~20.3
环氧树脂	19.8~22.3	61/39	21.1
聚硫橡胶	18.4~19.2	乙丙橡胶	16.2
聚二甲基硅氧烷	14.9~15.5	丁苯橡胶	
聚苯基甲基硅氧烷	18.4	85/15~87/13	16.6~17.4
聚丁二烯	16.6~17.6	75/25~72/28	16.6~17.6
聚四氟乙烯	12.7	60/40	17.8

表 4-2 常用溶剂的溶度参数

溶 剂	$\delta/(\mathrm{J/cm^3})^{1/2}$	溶 剂	$\delta/(\mathrm{J/cm^3})^{1/2}$
二异丙醚	14.3	间二甲苯	18.0
戊烷	14.4	乙苯	18.0
异戊烷	14.4	异丙苯	18.1
己烷	14.9	甲苯	18.2
庚烷	15.2	丙烯酸甲酯	18.2
乙醚	15.1	邻二甲苯	18.4
辛烷	15.4	乙酸乙酯	18.6
环己烷	16.8	1,1-二氯乙烷	18.6
甲基丙烯酸丁酯	16.8	甲基丙烯腈	18.6
氯乙烷	17.4	苯	18.7
1,1,1-三氯乙烷	17.4	三氯甲烷	19.0
乙酸戊酯	17.4	丁酮	19.0
乙酸丁酯	17.5	四氯乙烯	19.2
四氯化碳	17.6	甲酸乙酯	19.2
丙苯	17.7	氯苯	19.4
苯乙烯	17.8	苯甲酸乙酯	19.8
甲基丙烯酸甲酯	17.8	二氯甲烷	19.8
乙酸乙烯酯	17.8	顺式二氯乙烯	19.8
对二甲苯	17.9	1,2-二氯乙烷	20.1
二乙酮	18.0	乙醛	20.1
萘	20.3	丙醇	24.3
环己酮	20.3	乙腈	24.3
四氢呋喃	20.3	二甲基甲酰胺	24.8
二硫化碳	20.5	乙酸	25.8
二氧六环	20.5	硝基甲烷	25.8
溴苯	20.5	乙醇	26.0
丙酮	20.5	二甲亚砜	27.4
硝基苯	20.5	甲酸	27.6

溶　　剂	$\delta/(\mathrm{J/cm^3})^{1/2}$	溶　　剂	$\delta/(\mathrm{J/cm^3})^{1/2}$
四氯乙烷	21.3	苯酚	29.7
丙烯腈	21.4	甲醇	29.7
丙腈	21.9	碳酸乙烯酯	29.7
吡啶	21.9	二甲基砜	29.9
苯胺	22.1	丙二腈	30.9
二甲基乙酰胺	22.7	乙二醇	32.1
硝基乙烷	22.7	丙三醇	33.8
环己醇	23.3	甲酰胺	36.4
丁醇	23.3	水	47.3
异丁醇	23.9		

表 4-3　一些结构基团的摩尔吸引常数　　单位：$(\mathrm{J\cdot cm^3})^{1/2}/\mathrm{mol}$

基团	F	基团	F	基团	F
—CH₃	303.4	C=O	538.1	Cl₂	701.1
—CH₂—	269.0	—CHO	597.4	—Cl(伯)	419.6
CH—	176.0	(CO)₂O	1160.7	—Cl(仲)	426.2
C	65.5	—OH→	462.0	—Cl(芳香族)	329.4
CH₂=	258.8	OH(芳香族)	350.0	—F	84.5
—CH=	248.6	—H(酸性二聚物)	−103.3	共轭键	47.7
C	172.9	—NH₂	463.6	顺式	−14.5
—CH=(芳香族)	239.6	—NH—	368.3	反式	−27.6
—C=(芳香族)	200.7	—N—	125.0	六元环	−47.9
—O—(醚缩醛)	235.3	—C≡N	725.0	邻位取代	19.8
—O—(环氧化物)	360.5	—NCO	733.9	间位取代	13.5
—COO—	668.2	—S—	428.4	对位取代	82.5

4.1.3　溶剂选择的原则

选择溶剂时主要应该遵守两个原则：一是极性相近原则；二是溶度参数相近原则。一般，当溶度参数相差超过 1.7～2.0 时，高聚物不溶解。

对于非晶高聚物，根据相似相溶和极性相近两个原则选择溶剂就可以了；对于非极性结晶高聚物，溶剂的选择比较困难，其溶解包括两个过程，其一是结晶部分的熔融；其二是高分子与溶剂的混合，都是吸热过程，ΔH 比较大，即使溶度参数接近，也很难满足 $\Delta F < 0$ 的条件，必须提高温度，使 $T\Delta S$ 增大，例如 PE 须在 120℃ 以上才能溶于四氢萘、对二甲苯等非极性溶剂；PP 要在 135℃ 才能溶于四氢萘。

对于极性结晶高聚物，如果能与溶剂生成氢键，即使温度很低也能溶解，因为氢键的生成是放热过程。例如尼龙在室温下可溶于甲酸、乙酸、浓硫酸和酚类溶剂；涤纶树脂能溶于酚类；聚甲醛能溶于六氟丙酮水合物。

有时混合溶剂的溶解能力强于纯溶剂。混合溶剂的溶度参数与各个组分之间有以下对应关系。

$$\delta_{混} = \phi_1 \delta_1 + \phi_2 \delta_2 \tag{4-5}$$

式中，δ_1、δ_2 为两种纯溶剂的溶度参数；ϕ_1、ϕ_2 为两种纯溶剂的体积分数。

利用溶剂选择的这种原则，有时我们可以通过溶剂的选择来实现高分子材料的粘接，而没必要选择胶黏剂进行黏结。例如尼龙袜子破了，可以剪一块旧的尼龙料，用甲酸补上；聚氯乙烯鞋底的裂缝可以环己酮粘住；有机玻璃制品断了，可以用氯仿修补；聚苯乙烯制品可以用苯类溶剂粘接。

4.2 高分子溶液的热力学性质

为了讨论溶液性质的方便，引入理想溶液的概念。所谓理想溶液，就是指溶液中溶质分子间、溶剂分子间和溶剂溶质分子间的相互作用能均相等，溶解过程没有体积的变化，也没有焓的变化。

理想溶液实际上是不存在的，高分子溶液与理想溶液的偏差在于两个方面：一是溶剂分子之间、高分子重复单元之间以及溶剂与重复单元之间的相互作用能都不相等，因此混合热不为零；二是高分子具有一定的柔顺性，每个分子本身可以采取许多构象，因此高分子溶液中分子的排列方式比相同分子数目的小分子溶液的排列方式多，即其混合熵高于理想溶液的混合熵。

4.2.1 Flory-Huggins 高分子溶液理论

4.2.1.1 高分子溶液混合熵

对于理想溶液，其混合熵为：

$$\Delta S_M^i = -k(N_1 \ln X_1 + N_2 \ln X_2) \tag{4-6}$$

式中，N 为分子数目；X 为摩尔分数；k 为玻兹曼常数；下角 1 指溶剂；下角 2 指溶质。

对于实际的高分子溶液，其混合熵为：

$$\Delta S_M = -R(n_1 \ln \phi_1 + n_2 \ln \phi_2) \tag{4-7}$$

二者比较，体积分数代替了摩尔分数。如果溶质分子和溶剂分子体积相等，则两式一样，由于一个高分子在溶液中起不止一个小分子的作用，因此由式(4-7)计算得到的混合熵比式(4-6)大得多。

4.2.1.2 高分子溶液混合热

$$\Delta H_M = RT\chi_1 n_1 \phi_2 \tag{4-8}$$

式中，χ_1 为 Huggins 参数，它反映了高分子与溶剂混合时相互作用能的变化；$\chi_1 kT$ 的物理意义表示当一个溶剂分子放到高聚物中去时所引起的能量的变化。

4.2.1.3 高分子溶液混合自由能

$$\Delta F_M = \Delta H_M - T\Delta S_M = RT(n_1 \ln\phi_1 + n_2 \ln\phi_2 + \chi_1 n_1 \phi_2) \tag{4-9}$$

溶液中溶剂的化学位变化和溶质的化学位变化 $\Delta\mu_1$、$\Delta\mu_2$ 分别为：

$$\Delta\mu_1 = RT[\ln\phi_1 + (1 - 1/x)\phi_2 + \chi_1 \phi_2^2] \tag{4-10}$$

$$\Delta\mu_2 = RT[\ln\phi_2 + (x - 1)\phi_1 + x\chi_1 \phi_1^2] \tag{4-11}$$

$$\ln p_1/p_1^0 = \Delta\mu_1/RT = \ln(1 - \phi_2) + (1 - 1/x)\phi_2 + \chi_1 \phi_2^2 \tag{4-12}$$

注意：由高分子溶液蒸气压 p_1 和纯溶剂蒸气压 p_1^0 的测量可以估算出高分子-溶剂的相互作用参数 χ_1，按上式，应与高分子溶液浓度无关，但实验事实却并非如此。

4.2.2 Flory 温度（θ 温度）

对于稀溶液，$\phi_2 \ll 1$，则

$$\ln\phi_1 = \ln(1 - \phi_2) = -\phi_2 - \frac{1}{2}\phi_2^2 \cdots\cdots \tag{4-13}$$

$$\Delta\mu_1 = RT\left[(-1/x)\phi_2 + \left(\chi_1 - \frac{1}{2}\right)\phi_2^2\right] \tag{4-14}$$

上式中前一项为理想溶液中溶剂的化学位变化，后一项为非理想部分。

$$\Delta\mu_1^E = RT\left(\chi_1 - \frac{1}{2}\right)\phi_2^2 \tag{4-15}$$

$$\Delta\mu_1 = \Delta\mu_1^i + \Delta\mu_1^E \tag{4-16}$$

由此可以看出，高分子溶液即使浓度很稀也不能看作理想溶液，必须是 $\chi_1 = \frac{1}{2}$ 的溶液才能使 $\Delta\mu_1^E = 0$，从而使高分子溶液符合理想溶液的条件。当 $\chi_1 < 1/2$ 时，$\Delta\mu_1^E < 0$，使溶解过程的自发趋势加大。此时的溶剂称为高分子的良溶剂。

Flory 认为高分子在良溶剂中，高分子链段与溶剂的作用能远远大于高分子链段之间的作用能，使高分子链在溶液中扩展，这样高分子链的许多构象不能实现。因此除了由于相互作用能不等引起的非理想部分以外，还有构象数减少引起的非理想部分。

溶液的过量化学位 $\Delta\mu_1^E$ 应该由两部分组成，一部分是热引起的；另一部分是熵引起的，由此引出两个参数 K_1 和 Ψ_1，分别称为热参数和熵参数。由于相互作用能不等引起的过量偏摩尔混合热、过量偏摩尔混合熵和过量化学位变化分别为：

$$\Delta H_1^E = RTK_1 \phi_2^2 \tag{4-17}$$

$$\Delta S_1^E = R\Psi_1 \phi_2^2 \tag{4-18}$$

$$\Delta\mu_1^E = \Delta H_1^E - T\Delta S_1^E = RT(K_1 - \Psi_1)\phi_2^2 \tag{4-19}$$

比较两式：

$$\chi_1 - \frac{1}{2} = K_1 - \Psi_1 \tag{4-20}$$

为了方便，Flory 引进参数

$$\theta = K_1 T / \Psi_1 \tag{4-21}$$

其单位是温度，称为 Flory 温度。这样

$$\Delta \mu_1^E = RT\Psi_1(\theta/T - 1)\phi_2^2 \tag{4-22}$$

当 $T = \theta$ 时，溶剂的过量化学位为零，此时高分子溶液的热力学性质与理想溶液没有偏差。

注意：真正的理想溶液在任何温度下都呈现理想行为（虽然这种溶液是不存在的），而在 θ 温度时的高分子稀溶液只是 $\Delta \mu_1^E = 0$，其他热力学参数均非理想值。

通常可以通过选择溶剂和温度以满足 $\Delta \mu_1^E = 0$ 的条件，这种条件称为 θ 条件或 θ 状态。θ 状态下所用的溶剂称为 θ 溶剂，该状态下所处的温度称为 θ 温度。溶剂和温度是相互依存的。对于某种高聚物，当溶剂选定以后，可以通过改变温度达到 θ 状态；也可以在选定温度以后，通过改变溶剂的品种或利用混合溶剂，调节溶剂成分以达到 θ 条件。

4.3 高分子浓溶液

4.3.1 增塑高分子

为了改变某些高聚物的使用性能或加工性能，常常在高聚物中混溶一定量的高沸点、低挥发性的小分子物质或柔性高分子，增加高分子塑性的物质，称为增塑剂。主要作用是降低玻璃化温度，增加流动性和弹性。

增塑剂主要有以下几类：①邻苯二甲酸酯类；②磷酸酯类；③乙二醇和甘油酯类；④己二酸和癸二酸酯类；⑤脂肪酸酯类；⑥环氧类；⑦聚酯类；⑧其他如氯化石蜡、氯化联苯、丙烯腈-丁二烯共聚物等。

在日常生活中，聚氯乙烯及其共聚物、硝酸纤维素、醋酸纤维素、聚甲基丙烯酸甲酯、天然橡胶等高分子材料中经常用到增塑剂。

不同类型的增塑剂对不同类型的聚合物的增塑作用不同。

① 非极性增塑剂溶于非极性聚合物中，使高分子链之间的距离增大，减弱了高分子链之间的相互作用力和链段间相互运动的摩擦力，从而影响到玻璃化温度等性质。非极性增塑剂使非极性高聚物玻璃化温度降低的数值 $\Delta T = \alpha\phi$ 与增塑剂的体积分数成正比。

② 极性增塑剂溶于极性聚合物中，增塑剂分子进入大分子链之间，其本身的极性基团与高分子的极性基团相互作用，破坏了高分子间的物理交联点，使链段运动得以实现，使高聚物的玻璃化温度降低值与增塑剂的摩尔数成正比，$\Delta T = \beta n$，与体积无关。

选择增塑剂时要考虑以下几个因素。

（1）互溶性　要求增塑剂与高聚物之间的互溶性好。互溶性与温度有关，高温互溶性好，低温互溶性差。

（2）雾点　刚刚产生相分离时的温度，称雾点。雾点愈低，制品的耐低温性能愈好。

（3）有效性　对增塑剂有效性的衡量，应综合考虑其积极效果和消极效果。由于增塑

剂的加入，一方面提高了产品的弹性、耐寒性和抗冲击性；另一方面却降低了它的硬度、耐热性和抗张强度。

（4）耐久性 要求增塑剂能稳定地保存在制品之中。这就要求增塑剂要具备：沸点高、水溶性差、迁移性差及具有一定的抗氧性及对热和光的稳定性。

聚氯乙烯由于脆性比较大，在实际应用中，都要添加增塑剂，尤其是软制品中，添加量甚至超过 50％，由于原来聚氯乙烯最常用的增塑剂是邻苯二甲酸酯类增塑剂，近年来有关其毒性的问题越来越受到人们的重视，尤其是在将 PVC 用于食品、药品等包装时，如 PVC 保鲜膜、PVC 输液袋等，由于增塑剂会慢慢从制品内部向外迁移，尤其是在高温和油性制品中，就会污染食品或者药品。虽然，环保型增塑剂如柠檬酸酯类、己二酸酯类等已经出现，但是由于成本等原因，尚未完全替代邻苯二甲酸酯类增塑剂。

以上讨论的都是外增塑。对于某些结晶高聚物，由于分子排列紧密，增塑剂很难进入晶区，或者高分子极性极强，高分子之间的作用力极大，很难找到增塑剂使之与高分子之间的作用力大于高分子之间的作用力，这时可采用化学方法进行增塑，在高分子链上引入其他取代基或短的链段，破坏结晶，这种方法称为内增塑。共聚也可称为内增塑。

4.3.2 纺丝液

纤维工业中的纺丝方法有两种，一种是尼龙、聚酯等采用的熔融纺丝；另一种是将聚合物溶解到适当溶剂中配制成浓溶液进行的纺丝，称为溶液纺丝。腈纶、氯纶以及改性纤维素类都是采用溶液纺丝。

在制备纺丝液时，对溶剂的要求如下。

① 良溶剂。不同的产品纺丝液的浓度不同，为 15％～40％不等。

② 适中的沸点，沸点过低，溶剂消耗太大，成型时，由于挥发过快，使纤维成型不良，过高，不易由纤维中除去。

③ 不易燃、爆，无毒。

④ 价廉易得，回收简易，回收过程不分解变质。

油漆等也是高分子浓溶液。

4.3.3 凝胶和冻胶

高聚物溶液失去流动性后，即成为凝胶和冻胶。

冻胶是由范德华力交联形成的，加热可以拆散范德华力交联，使冻胶溶解。冻胶分两种：分子内的范德华力交联，高分子链为球状结构，不能伸展，黏度小，可以得到黏度小而浓度高达 30％～40％的浓溶液。如果在纺丝时遇到这种冻胶溶液，由于分子本身的蜷曲而不易取向，得不到高强度的纤维。如果形成分子间的范德华力交联，则得到伸展链结构的分子间交联的冻胶，黏度大，以加热的方式可以使分子内交联的冻胶变成分子间交联的冻胶，此时溶液的黏度增加。因此用同一种高聚物，配成相同浓度的溶液，其黏度可以相差很大，用不同的处理方法可以得到不同性质的两种冻胶，也可以得到其混合物。

凝胶是高分子链之间以化学键形成的交联结构的溶胀体，加热不能溶解和熔融。既是高分子的浓溶液，又是高弹性的固体，小分子可以在其中渗透和扩散。

自然界的生物体都是凝胶，一方面有强度可以保持形状又柔软；另一方面允许新陈代谢，排泄废物，吸收营养。

交联结构的高聚物不能溶于溶剂，但能为溶剂所溶胀，形成凝胶。在溶胀过程中，一方面溶剂力图渗入高聚物内部使其体积膨胀；另一方面交联高聚物由于体积膨胀导致网状分子链向三维空间伸展，使分子网受到应力而产生弹性收缩能，力图使分子网收缩。当这两种相反的力达到平衡时，即达到溶胀平衡。而交联高聚物在溶胀平衡时的体积与溶胀前体积之比称为溶胀比 Q。Q 与温度、压力、交联度及溶剂、溶质的性质有关。

$$\frac{\overline{M_c}}{\rho_2 V_1}\left(\frac{1}{2}-\chi_1\right)=Q^{5/3} \tag{4-23}$$

式中，$\overline{M_c}$ 为交联高聚物的有效链的平均分子量（相邻两交联点之间的链称为一个有效链）；ρ_2 为高聚物的密度；V_1 为溶剂的摩尔体积；χ_1 为溶剂的 Huggins 参数。

Q 值可以由溶胀前后体积或质量的变化求得。

要说明的是，式(4-23)是在交联高聚物的交联度不大的假设条件下得到的，因此对于环氧树脂、不饱和聚酯、氨基树脂等高交联度的制品，该式并不适用。

4.3.4　聚电解质溶液

在侧链中有许多可电离基团的高分子称为聚电解质，又称为离聚体。

根据可电离基团的种类将聚电解质分为聚阳离子、聚阴离子、两性聚电解质、非离子聚电解质等。广义上所有的水溶性高分子都可以称为聚电解质。

聚电解质溶液的性质与溶剂性质关系很大。若采用非离子化的溶剂，如聚丙烯酸溶解于异丙醇中，其溶液性质与普通高分子溶液相似。但是在离子化溶剂水中，表现出有别于普通高分子及小分子电解质的特殊性能。

溶液中的聚电解质也呈无规线团状，离解作用产生的抗衡离子分布在高分子的周围。随着溶液浓度和抗衡离子浓度的不同，高分子离子的尺寸要发生变化。

以聚丙烯酸钠水溶液为例：当浓度较稀时，由于许多钠离子远离高分子链，高分子链上的阴离子相互排斥，高分子链呈舒展状，尺寸较大；当浓度增加（大于 1%）后，高分子链互相靠近，构象不太舒展。而且钠阳离子的浓度增加，在高分子离子的外部和内部进行扩散，使部分阴离子静电场得到平衡，降低了其排斥作用，链发生蜷曲，尺寸减小。

如果在溶液中添加强电解质如食盐等，就增加了抗衡离子的浓度，其中一部分渗入高分子离子中而遮蔽了一部分电荷，由于离子间的排斥引起的链的扩展作用减弱，强化了蜷曲作用，使尺寸更为缩小。当添加足够量的电解质时，如 0.1mol/L 时，聚电解质的形态及溶液性质几乎与中性高分子无异。

因此，对于聚电解质溶液，黏度不仅与聚合物、溶剂以及温度等因素有关，还是外加盐浓度的函数，所以若用黏度法测定其分子量，最好在非极性溶剂中进行，否则需要一定浓度的外加盐。

由于高分子聚电解质的特殊行为，导致与此有关的一系列溶液性质如黏度、渗透压、光散射等出现反常现象。

聚电解质可用作食品、化妆品、药物和涂料的增稠剂、分散剂、絮凝剂、乳化剂、悬浮稳定剂、胶黏剂、皮革和纺织品的整理剂、土壤改良剂、油井钻探用泥浆稳定剂、纸张增强剂、织物抗静电剂等。

4.4 聚合物分子量及其分布的测定

由于聚合物分子量及其分布的测定方法，绝大多数是要将高分子样品溶于适当的溶剂配成溶液后进行相关的测定，因此，我们将聚合物分子量及其分布的测定放在高分子溶液一章中讲述。

在分子量及其分布的测定方法中，有些是绝对法，可以独立地测定分子量；有些是相对法，需要其他方法的配合才能得到真正的分子量。不同的方法适合测定的分子量范围不同，能够测量的平均分子量的种类也不一样，表 4-4 汇总了常用的分子量测定方法。

表 4-4   常用的分子量测定方法

方法	绝对法	相对法	M_n	M_w	分子量范围
端基分析	*		*		<10000
气相渗透	*		*		<30000
冰点降低	*		*		<30000
沸点升高	*		*		<30000
膜渗透压	*		*		>20000
光散射（LS）	*			*	$10^4\sim10^7$
黏度法（IV）		*			$<10^6$
体积排除色谱（SEC）		*	*	*	$10^3\sim10^7$
SEC-LS 联用	*		*	*	$10^4\sim10^7$
SEC-IV 联用		*	*	*	$10^3\sim10^6$
飞行时间质谱	*			*	<10000

注：在绝对法栏画"＊"指的是该法是绝对法；在 M_n 栏画"＊"指的是该法可以测定数均分子量；在 M_w 栏画"＊"指的是该法可以测定重均分子量；若两种分子量都可测量，则在两栏中都画"＊"。

4.4.1   端基分析

聚合物的化学结构明确，每个高分子链末端有一个或 x 个可以用化学方法分析的基团，那么一定质量试样中端基的数目就是分子链数目的 x 倍。所以从化学分析的结果就可以计算分子量。

$$M=xw/n \tag{4-24}$$

式中，w 为试样质量；n 为被分析端基的摩尔数。

该法要求聚合物结构必须明确。而且分子量越大，单位质量试样中可分析基团的数目越少，分析误差越大，故此法只适于分析分子量较小的聚合物，一般用于缩聚物。加聚反应产物分子量较大，且一般端基结构不明确，应用很少。

该法还可用于分析聚合物的支化情况，但要与其他方法配合才行。因为用其他方法测定了分子量后，则可以用式(4-24)求得支化点的数目为 $x-2$ 个（扣除两个正常的端基），如果支化点为 0，则证明其为线形分子。

4.4.2 沸点升高和冰点降低

利用稀溶液的依数性测定溶质分子量的方法是经典的物理化学方法。

$$\Delta T_b = K_b \frac{c}{M} \qquad (4\text{-}25)$$

$$\Delta T_f = K_f \frac{c}{M} \qquad (4\text{-}26)$$

溶液的浓度 c 常以千克溶剂中所含溶质的克数表示，K_b 和 K_f 分别是溶剂的沸点升高常数和冰点降低常数。如果 c 以 g/L 表示，则 K_b 和 K_f 分别要除以 ρ（密度）。

其中两个常数分别为：

$$K_b = \frac{RT_b^2}{1000\Delta H_v} \qquad (4\text{-}27)$$

$$K_f = \frac{RT_f^2}{1000\Delta H_f} \qquad (4\text{-}28)$$

式中，T_b 和 T_f 分别为溶剂的沸点和冰点；ΔH_v 和 ΔH_f 分别是每克溶剂的蒸发热和熔融热。

高分子溶液的热力学性质与理想溶液差别很大，只有在无限稀释的情况下才符合理想溶液的规律，因此必须在各种浓度下测定 ΔT，然后以 $\Delta T/c$ 对 c 作图并外推计算分子量。由于这两种方法的适用范围很小，实际应用中很少采用。

4.4.3 膜渗透压

膜渗透压法也是利用稀溶液的依数性进行分子量测定的方法。

一个半透膜的孔可以让溶剂通过，而溶质不能通过，以该膜将一个容器分割成两个池，左边放纯溶剂，右边放溶液，开始时液面一样高，则溶剂会通过半透膜渗透到溶液中去，使溶液池的液面上升，溶剂池的液面下降。当两边液面高差达到某一定值时，溶剂不再进入溶液池。最后达到渗透平衡状态，渗透平衡时两边液体的压力差称为溶液的渗透压。

对于小分子溶质 $\Pi = RTc/M$。即小分子膜渗透压与浓度的比值 Π/c 与浓度 c 无关，但高分子溶液 Π/c 与 c 有关。

$$\frac{\Pi}{c} = RT\left(\frac{1}{M} + A_2c + A_3c^2 + \cdots\cdots\right) \qquad (4\text{-}29)$$

式中，A_2 和 A_3 分别为第二、第三维利系数，它们表示与理想溶液的偏差，如果以 Π/c 对 c 作图，A_3 很小时为直线，由截距可求得分子量 M，从斜率可求得 A_2。

$$A_2 = \frac{\frac{1}{2} - \chi_1}{\overline{V_1}\rho_2^2} \qquad (4\text{-}30)$$

式中，$\overline{V}_1$、χ_1、ρ_2 分别表示溶剂的偏摩尔体积、溶度参数和高分子的密度。

这就给了第二维利系数一个明确的物理意义，可将其看作高分子链段之间以及高分子与溶剂之间相互作用的一种量度，它与溶剂化作用和高分子在溶液里的形态有密切关系。在良溶剂中，高分子链由于溶剂化作用而扩张，高分子线团伸展，A_2 是正值，$\chi_1 < \frac{1}{2}$。随着温度的降低或不良溶剂的加入，χ_1 逐渐增大，当大于 $\frac{1}{2}$ 时，高分子链紧缩，A_2 为负值。当 $\chi_1 = \frac{1}{2}$ 时，$A_2 = 0$，即溶液符合理想溶液的性质。此时处于 θ 状态。

4.4.4 气相渗透（VPO）

在一恒温、密闭的容器中充有某挥发性溶剂的饱和蒸气。若在容器中置一滴不挥发性溶质的溶液和一滴纯溶剂，由于溶液液面上溶剂的饱和蒸气压低于溶剂的饱和蒸气压，于是溶剂分子就会自蒸气凝聚到溶液滴的表面，并放出凝聚热，从而使溶液的温度升高。而对于溶剂来说，其挥发速率与凝聚速率相等，温度不发生变化，那么两个液滴之间便会产生温差。当温差建立以后，热量将通过传导、对流、辐射等方式自溶液相散失到蒸气相。达到"定态"（非热力学平衡态）时，测温元件反映出的温差不再增高。温差 ΔT 和溶液中溶质的摩尔分数成正比

$$\Delta T = A \frac{n_2}{n_1 + n_2} \approx A \frac{n_2}{n_1} = A \frac{w_2/M_2}{w_1/M_1} = A \frac{w_2 M_1}{w_1 M_2} \tag{4-31}$$

以上介绍的方法除了端基分析法以外，其他均是基于稀溶液的依数性。即所测得的每一种效应都是溶液中溶质的数目决定的。如果溶质分子有缔合作用，则测得的表观分子量将大于其真实分子量；反之如果溶质发生电离作用，则测得的表观分子量将小于其真实分子量。而且数均分子量对于质点的数目很敏感，如果高分子试样中混有小分子杂质，例如少量的水分或溶剂，则测定的表观分子量将远远低于真实分子量。

4.4.5 光散射

当一束光通过介质时，在入射方向以外的其他方向，同时发出一种很弱的光，称为散射光。散射光与入射光之间的夹角称为散射角，发出散射光的质点称为散射中心。散射中心与观察点之间的距离称为观测距离。

对于溶液来说，散射光的强度及其对散射角和溶液浓度的依赖性与溶质的分子量、分子尺寸以及分子形态有关。因此可以利用溶液的光散射性质测定溶质的上述各种参数。

对于尺寸小于光的波长的 1/20 的分子而言，属于小粒子，一般指蛋白质、多糖以及分子量小于 10^5 的聚合物。这样各个粒子发出的散射光不相互干涉。可以用散射角为 90° 时的瑞利因子来测定分子量，瑞利比因子是指单位散射体积所产生的散射光强 I 与入射光强 I_0 之比乘以观测距离的平方。

$$\frac{Kc}{2R_{90}} = 1/M + 2A_2 c \tag{4-32}$$

实验方法是，测定一系列不同浓度的溶液的 R_{90}，以 $\dfrac{Kc}{2R_{90}}$ 对 c 作图，得直线，截距为 $\dfrac{1}{M}$，斜率为 $2A_2$。

对于分子量为 $10^5 \sim 10^7$ 的高分子在良溶剂中的尺寸与光散射的光源波长处于同一数量级（高压汞灯），每个高分子粒子不同部分发出的散射光会发生相互干涉，减弱了光强。可以证明：

$$Y = \frac{1 + \cos^2\theta}{2\sin\theta} \frac{Kc}{R\theta} = \frac{1}{M}\left(1 + \frac{8\pi^2}{9}\frac{\overline{h^2}}{(\lambda')^2}\sin^2\frac{\theta}{2} + K\right) + 2A_2 c \qquad (4\text{-}33)$$

实验方法是配制一系列不同浓度的溶液，测定其在各个不同散射角时的瑞利比。Y 包含 c 和 θ 两个变量，当它们均为 0 时，$Y = \dfrac{1}{M}$。因此将 Y 分别外推就可求得分子量。

$$(Y)_{\theta \to 0} = \frac{1}{M} + 2A_2 c \qquad (4\text{-}34)$$

$$(Y)_{c \to 0} = \frac{1}{M}\left(1 + \frac{8\pi^2}{9}\frac{\overline{h^2}}{(\lambda')^2}\sin^2\frac{\theta}{2} + K\right) \qquad (4\text{-}35)$$

利用该方法，可以同时测得分子量、均方半径和第二维利系数。所测得的是重均分子量，其测量范围为 $10^4 \sim 10^7$。

为了克服光散射法存在的光源准直性、单色性差、不能在较小的角度测定、溶液用量较多、除尘要求较高、测定工作费时、数据处理烦琐等缺点，人们发明了以氦氖激光为光源，在很小的散射角内测定散射光的方法。其工作原理与光散射法相同，只是在光源、仪器设计及数据处理上作了改进。

最先发展起来的是小角激光光散射，在小角度下，散射光的角度依赖性很小，因此数据处理可以不对角度外推，只需在不同浓度下测定剩余瑞利比，以 $K'c/\Delta R_\theta$ 对浓度 c 作图，其截距为 $\dfrac{1}{M}$，斜率为 $2A_2$。

随着计算机技术的迅猛发展，小角激光光散射现在已经完全被多角激光光散射所代替，可以在空间 $16 \sim 32$ 甚至更多的角度上测定，数据处理采用计算机进行，大大增加了精度和准确度。而且它一般不单独使用，会与凝胶渗透色谱（GPC）联用，作为 GPC 的检测器。

4.4.6　超速离心沉降

密度为 ρ_2 的溶质粒子在离心场的作用下，在密度为 ρ_1 的溶剂中移动。当 $\rho_2 > \rho_1$ 时，粒子将沿着离心力场的方向而沉降；若 $\rho_2 < \rho_1$，粒子将浮向旋转中心。当其他条件固定时，沉降或浮起的速度与粒子的质量和形状以及溶液的黏度有关。因此在理论上，所有这些量都可以通过沉降速度进行测定。

沉降作用与布朗运动所引起的扩散作用相反。沉降导致浓度差的产生和增大，而扩散导致浓度差的减小和消失。当离心力场较弱时，它们可以达到平衡。在给定条件下，此时体系中的浓度分布取决于溶质的分子量和分子量分布，因此可以利用沉降平衡测定溶质的分子量和分子量分布。

超速离心沉降所用的仪器为超速离心机，所用的溶剂密度与高聚物要有差别（以便沉降）、折光指数也要有差别（以便测定）。避免用混合溶剂，黏度要小一些。

超速离心沉降分为沉降平衡法和沉降速率法两种，一般用于生物大分子分子量的测定，它是测定分子量的相对方法，理论上可测定各种平均分子量。

4.4.7 黏度法

流体流动时，可以设想有无数个流动的液层，由于液体分子间相互摩擦力的存在，各液层的流动速度不同。单位面积液体的黏滞阻力为 σ，切变速度为 ξ，那么黏度 $\eta = \sigma/\xi$。这就是黏度的定义，这样定义的黏度是绝对黏度。对于高分子溶液，我们感兴趣的是高分子进入溶液后引起的黏度变化，一般采用以下几种参数。

① 黏度比（相对黏度）：溶液黏度与纯溶剂黏度之比。

$$\eta_r = \eta/\eta_0 \tag{4-36}$$

② 黏度相对增量（增比黏度）：相对于溶剂来说，溶液黏度增加的分数。

$$\eta_{sp} = (\eta - \eta_0)/\eta_0 = \eta_r - 1 \tag{4-37}$$

③ 黏数（比浓黏度）η_{sp}/c。

④ 对数黏数（比浓对数黏数）$(\ln \eta_r)/c$。

⑤ 极限黏数（特性黏数）：因为黏数和对数黏数均随溶液浓度而改变，以其在无限稀释时的外推值作为溶液黏度的量度。其值与浓度无关。

$$[\eta] = \lim_{c \to 0} \frac{\eta_{sp}}{c} = \lim_{c \to 0} \frac{\ln \eta_r}{c} \tag{4-38}$$

⑥ Mark-Houwink 方程式：

$$[\eta] = KM^\alpha \tag{4-39}$$

当聚合物、溶剂和温度确定以后，$[\eta]$ 的数值仅由分子量 M 决定。在一定分子量范围内，K 和 α 是与溶剂、温度有关的常数。

由以上方法测定的分子量是黏均分子量。溶液的黏度一方面与聚合物的分子量有关；另一方面却也取决于聚合物分子的结构、形态和在溶剂中的扩散程度，因此该法为相对方法。

黏度法测定分子量的主要仪器是乌氏黏度计，它由三支管组成，如图 4-1 所示。黏度计上有一个毛细管，上端有一个小球，小球上下各有一个刻度 a 和 b，待测液体自 A 管加入，经 B 管将其吸到 a 以上，再使 B 管通大气。任其自然流下，记录液面流经 a 和 b 之间的时间 t，即为该浓度溶液的流出时间，将纯溶剂的流出时间记为 t_0，对于极稀的溶液，存在式(4-40) 的近似关系。采用稀释法测定聚合物一系列浓度时的黏度，以 η_{sp}/c 和 $\ln\eta_r/c$ 分别对 c 作图，得到两条直线，分别外推至 $c = 0$ 处，其截距即为 $[\eta]$（见图 4-2）。

$$\eta_r \approx t/t_0 \tag{4-40}$$

然后，利用 Mark-Houwink 方程 [式(4-39)]，求得聚合物的平均分子量。

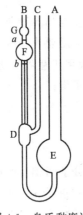

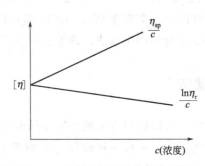

图 4-1　乌氏黏度计　　　　图 4-2　黏度法测定聚合物分子量

4.4.8　飞行时间质谱

飞行时间质谱是测定聚合物分子量的一种新兴方法。我们知道对于小分子，质谱是最经典的有机结构分析方法。对于大分子则不合适，新的离子化技术的发展使得该法成为测定高聚物分子量及其分布的有力工具。

目前主要有两种方法。

4.4.8.1　基质辅助激光解吸/离子化飞行时间质谱（MALDI-TOF-MS）

基质辅助激光解吸/离子化飞行时间质谱是近年来发展起来的一种新型的软电离质谱，仪器主要由两部分组成：基质辅助激光解吸电离离子源（MALDI）和飞行时间质量分析器（TOF）。MALDI 的原理是用激光照射样品与基质形成的共结晶薄膜，基质是必需的，其作用是吸收激光能量和将聚合物分子相互分隔。基质从激光中吸收能量传递给被测分子，而电离过程中将质子转移到被测分子或从被测分子得到质子，而使被测分子电离。TOF 的原理是离子在电场作用下加速飞过飞行管道，根据到达检测器的飞行时间不同，以及被检测即测定离子的质荷比（m/z）与离子的飞行时间成正比，检测离子。MALDI-TOF-MS 具有样品用量少（少于 1mg）、测量时间短（15min 以内）、灵敏度高、准确度高及分辨率高等特点，准确度高达 0.01％～0.1％，远远高于目前常用的高效凝胶色谱技术。但是当聚合物试样的多分散系数高于 1.3 时，测量的准确度会明显下降。

图 4-3 是一种窄分布的聚甲基丙烯酸丁酯的 MALDI-TOF-MS 图。

图中最大的峰出现在 m/z 32000 处，此外尚有 17000 和 65000 左右的两个比较小的峰，分别为双电荷离子和二聚体的峰，从峰型可以计算分子量的多分散系数。

4.4.8.2　电喷雾质谱

电喷雾电离（ESI）是一种多电荷电离技术，电喷雾离子化质谱（ESI-MS）不仅具有高的灵敏度，多电荷离子的形成降低了 m/z 值（因为 m 不变，z 增加了），所以测定的分子量上限就提高了。图 4-4 是"再生"马脱肌球蛋白的 ESI-MS 图。

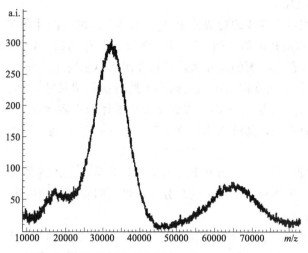

图 4-3 聚甲基丙烯酸丁酯的 MALDI-TOF-MS 图

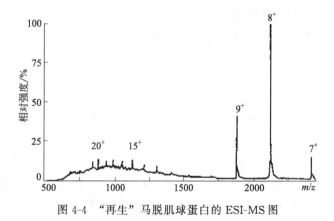

图 4-4 "再生"马脱肌球蛋白的 ESI-MS 图

通常,一台质核比在 1500～2000 范围内的普通质谱仪,与电喷雾技术结合后,可以测定比其范围大几十倍的蛋白质的分子量。

4.4.9 凝胶渗透色谱法

凝胶渗透色谱(GPC)是液相色谱的一种,又称为体积排除色谱(SEC),其分离的核心部件是一根装有多孔性载体的色谱柱,最先被采用的是苯乙烯-二乙烯苯(St-DVB)交联 PS 凝胶,孔的内径大小不同,此后又发展了大量其他凝胶和无机多孔载体。

试验时,以溶剂充满色谱柱,然后将以同种溶剂配制的高分子溶液自柱头加入,再以这种溶剂淋洗,同时自色谱柱的尾端接收淋出液,计算淋出液的体积并测定淋出液中溶质的浓度。自试样进柱到试样被淋洗出来,所接收到的淋出液体积称为该试样的淋出体积。试验证明,当仪器和实验条件确定后,溶质的淋出体积与其分子量有关,分子量越大,其淋出体积越小。若试样是多分散的,则可按淋出的先后顺序收集到一系列分子量从大到小的级分。

GPC 的分离原理如下。

色谱柱的总体积包括载体的骨架体积 V_g、载体内部的孔洞体积 V_i 和载体的粒间体积 V_0，其中 V_0 和 V_i 构成柱内的空间。V_0 中的溶剂称为流动相，V_i 中的溶剂称为固定相。对于高分子，如果体积比孔洞的尺寸大，任何孔洞都不能进入，只能从粒间流过，其淋出体积为 V_0，假如高分子的体积很小，远远小于所有的孔洞尺寸，其在柱中活动的空间与溶剂分子相同，淋出体积为 V_0+V_i。假如高分子的体积中等大小，它除了可以进入粒间外，还可以进入部分孔洞，其淋出体积介于 V_0 和 V_i+V_0 之间。即溶质的淋出体积

$$V_e = V_0 + KV_i \tag{4-41}$$

式中，K 为分配系数，表示孔体积中可以被溶质分子进入的部分。

对于分子量（分子体积）不均一的高分子，当它们被溶剂携带流经色谱柱时就逐渐按其体积的大小进行了分离。

为了测定聚合物的分子量分布，就要测定各级分的含量和分子量，对于 GPC，级分的含量即淋出液的浓度，一般用示差折光仪、紫外吸收、红外吸收等方法测定。分子量可以采用黏度、光散射等方法测定（直接法），也可用间接法。

下面简单介绍一下间接法测定分子量及其分布的原理。

以一组分子量不等的、单分散的试样作为标准试样，分别测定其淋出体积和分子量，二者存在如下关系：

$$\lg M = A' - B'V_e \tag{4-42}$$

$$\ln M = A - BV_e \tag{4-43}$$

式中，A、B、A'、B' 为常数，其值与溶质、溶剂、温度、载体及仪器结构有关。可由图 4-5 中直线的截距和斜率求得。

该直线只在一定范围内呈直线，当 $M > M_a$ 时，直线向上翘，变得与纵轴平行，此时淋出体积与分子量无关，淋出体积为 V_0。分子量太大，溶质全部不能进入孔洞，对于分子量大于 M_a 的分子没有分离效果，它称为载体的渗透极限；另外当 $M < M_b$ 时，直线向下弯曲，即当溶质分子量小于 M_b 时，其淋出体积变得对分子量很不敏感，说明这种溶质的分子量已经很小，其淋出体积已接近 V_0+V_i 值。$M_b \sim M_a$ 是载体的分离范围。

任何试样在色谱柱中流动时，都会沿着流动方向发生扩散，即使完全均一的试样淋出体积也会有一个分布，称为扩展效应。因此，图 4-5 是理想化的曲线，实际应用中必须加以修正。

对于 GPC 的载体要求有良好的化学稳定性和热稳定性，有一定的机械强度，不易变形，流动阻力小，对试样没有吸附作用，还要求分离范围尽量大，该范围取决于载体的孔径分布，分布越宽，分离范围越大。为此有时采用不同孔径分布的几种载体混装，或将色谱柱串联。

粒间体积对于分离是无效的，而且它会使扩展效应增大，孔洞体积越大，其分离容量越大，即要求固流相 V_i/V_0 比越大越好，因此要求柱中载体装填密实，载体粒度越小，堆积得越紧密，柱的分离效果越好。

为了达到快速、高效的分离目的，将载体尺寸缩小到几十微米甚至几微米，称为 μ 型凝胶，采用匀浆法高压装柱技术，使 V_0 大为减小，增大了柱内阻力，为此采用高压液泵驱动液体，这被称为高效凝胶渗透色谱（HPGPC）

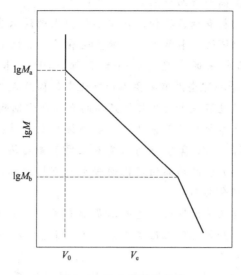

图 4-5　GPC 的标准曲线

目前高效凝胶色谱普遍与多角激光光散射（MALLS）联用。其中 GPC 作为高分子分离部件，而 MALLS 作为检测器测定各个组分的分子量。如果再辅以黏度检测器，还可以测定支化高聚物的分子量及其支化情况。因此，高档的 GPC 现在一般都配备示差折光检测器、紫外可见检测器、MALLS 和黏度四种检测器，大大扩展了其应用范围和测量精度。对于色谱柱，可以配备水性柱、四氢呋喃柱、二甲苯柱、二甲基甲酰胺柱等多种可以拆卸更换的柱子，以扩大其可测量范围。

专题讲座之五　塑化剂风波和塑料的毒性问题

增塑高分子是广义上的高分子溶液，也就是说，增塑剂是高分子的良溶剂，近年来有关塑化剂的毒性问题有三起比较受人关注的事件：一是 2005 年开始的 PVC 保鲜膜的毒性问题；二是 2011 年台湾的果汁饮料塑化剂事件；三是 2012～2013 年酒鬼酒塑化剂风波。尤其是酒鬼酒的塑化剂风波事件波及了几乎整个白酒行业，有的说这是酒鬼酒原来有一段 10m 长的输酒塑料管所致，甚至说要在白酒行业禁用一切塑料制品，一时间，塑料成为了众矢之的，甚至有人说高档白酒几乎全部采用的塑料瓶盖都要禁止使用了，好像塑料成为白酒塑化剂超标的罪魁祸首，使得人们谈"塑"色变，见"塑"生畏。

那么实际情况又是如何呢？

首先，我们应该知道塑化剂是怎么回事，所谓塑化剂，高分子材料上叫做增塑剂，顾名思义就是增加塑料塑性的一类物质，最常见的是邻苯二甲酸酯类，其中又以邻苯二甲酸二丁酯（DBP）和邻苯二甲酸二辛酯（DOP 或者 DEHP）最为常见，这次酒鬼酒塑化剂风波中，就是 DBP 超标 260%，而最近刚刚曝出的茅台酒则是 DEHP 超标 120%。至于这些塑化剂的毒性大家都了解了，就不赘述了。

有一点高分子常识的人都知道，塑化剂和塑料是两回事，虽然，塑化剂的名字确实是因为添加到塑料中提高塑性而得来的。

日常我们所见到的塑料有很多品种，真正添加塑化剂的只有少数几种，在这少数几种中，又以聚氯乙烯（PVC）最常见，添加量也最多，软性制品甚至添加到 50％以上。其他用于食品药品包装的常见塑料如聚乙烯（PE）、聚碳酸酯（PC）、聚酯（PET）、聚丙烯（PP）等都完全没有必要添加塑化剂，因此也不会有塑化剂的析出问题，而国家对于食品药品包装或者直接接触产品的有毒塑化剂残留量都有明确的规定，网上所爆料的酒鬼、茅台等超标的百分数就是依据该标准计算得到的。但是我认为添加了 DBP 等有毒塑化剂的 PVC 等塑料制品是不准用于食品药品包装的。因为虽然在某一时间范围内检查所盛放食品药品的塑化剂含量有可能达标，但是塑化剂会随着时间的延长而逐渐析出污染食品药品。

其实，塑化剂是一类物质的统称，也并不是都有毒，目前可以用于食品药品包装的塑化剂已经开发出来，如柠檬酸三乙酯类等，只不过它们相对于 DBP 等来说，价格要昂贵得多而较少采用而已。

用于食品药品包装的绝大多数是 PET、PP、PE、PC 等材料，如我们常见的盛酒、盛油的塑料桶是 PET 的，酒瓶的塑料盖是 PP 或者 PE 的，桶装水的材质是 PC 的，这些材料绝对不会有塑化剂的问题，因此我敢断言：酒鬼酒塑化剂超标绝对不是塑料容器或者运输管的问题，至于是否是故意添加的，或者添加后有何作用就不得而知了。

那么台湾果汁饮料塑化剂风波，与塑料有什么关系吗？果汁饮料中都要添加一种叫做起云剂的食品添加剂，这是允许使用的，也是安全无毒的。但是有不法商人发现用 DBP 等塑化剂可以代替起云剂起到同样使得果汁饮料不沉淀的作用，而且其成本远远低于食品级的起云剂。这才造成了轰动海峡两岸的果汁饮料塑化剂超标事件，显然这与塑料没有任何关系。

由上可见，人们尽可以放心地使用塑料制品，不必担心塑化剂超标问题。

思考题与习题

1. 什么是溶度参数？如何测定？

2. 线型高分子和交联高分子溶胀的最终状态有什么差别？

3. 为什么聚乙烯、聚丙烯制品很难粘接和找到溶剂溶解，而聚氯乙烯制品一旦小有破损，可以用氯仿等溶剂进行粘接？

4. 当橡胶的交联度比较大时，能否用溶胀法测量聚合物的交联点之间的平均分子量，为什么？

5. 当用黏度法测量聚丙烯酸等水溶性高分子的黏度时，为什么不能选用水为溶剂，而应该选用稀盐水作溶剂？

6. 测量高分子分子量的方法有哪些？

7. 有一超高分子量聚乙烯试样，欲采用 GPC 法测定其分子量和分子量分布，试问：

① 能否用四氢呋喃作溶剂？如果不行，应该选用哪类溶剂？

② 室温下能进行测定吗？为什么？

8. 传统的室内装修用乳胶漆的主要成分是苯丙乳液，是苯乙烯-丙烯酸丁酯与1%～2%的丙烯酸共聚得到的，丙烯酸的加入是为了提高乳胶漆与墙面的附着力，为什么？有不法分子为了谋取不正当利益，降低成本，人为大量减少苯乙烯-丙烯酸丁酯的含量，而增加丙烯酸的比例到2%以上，这样即使聚合物的总含量降低了（生产成本降低），而其黏度却仍然能够与原来的乳液相当，甚至更高，这又是为什么？

第5章
聚合物的分子运动和转变

对于所有的材料，结构是性能的物质基础，高分子材料也不例外，而性能又必须通过分子运动来表现。对于不同的聚合物材料，由于结构不同，分子运动不同，从而表现出不同的性能；对于相同的聚合物材料，在不同的外界条件下，分子运动不同，表现出的性能也不同，也就是说，聚合物的分子运动是联系微观结构和宏观性能的桥梁。

5.1　聚合物分子热运动的特点

高分子材料具有区别于无机非金属材料和金属材料的千变万化的宏观性能，原因就是由于高分子材料具有纷繁复杂的各式各样的结构，从而具有错综复杂的分子运动性能。我们在日常生活中都有切身体会，塑料桶在盛热水时，会变得很柔软，而在冬天则很硬很脆，容易破裂；乳胶漆在夏天施工很容易成膜，而在寒冷的冬季施工则有可能成粉而不能施工。诸如此类的事实说明，对于同一种聚合物，如果所处的温度不同，那么分子运动的状态不同，材料所表现出的宏观性能就不同，相对于小分子，聚合物分子运动及转变有其不同的特点。

5.1.1　运动单元的多重性

聚合物除了整个高分子链可以运动以外，链内各个部分还可以有多重运动，具体地说，高分子的热运动包括四种类型。

① 高分子链的整体运动，如高分子熔体的流动。

② 链段运动，即在高分子链质量重心不变的情况下，一部分链段通过单键的内旋转而相对于另一部分链段运动，这是高分子最常见的运动形式，也是高分子材料具有柔性的原因。

③ 链节、支链、侧基的运动，对于不同的聚合物，这些运动会表现出很大的不同，多种多样，其对聚合物的韧性有很大的影响。

④ 晶区内的分子运动，晶态聚合物的晶区中也存在分子运动，如晶型转变、晶区缺陷的运动、晶区中的局部松弛模式等。

在以上四种运动方式中，整个大分子链和晶区称为大尺寸运动单元，其运动被称为布朗运动，其他两种称为小尺寸运动单元，其运动称为微布朗运动。

5.1.2　分子运动的时间依赖性

在一定外界条件下，高聚物从一种平衡态通过分子的热运动达到与外界条件相适应的新的平衡态，这个过程是一个速度过程。由于高分子运动时运动单元所受到的摩擦力一般是很大的，这个过程通常是很慢的，因此其具有时间依赖性，也就是说这种运动是一种松弛过程。例如，将一段软 PVC 丝拉长到 Δx 后，让其自然回缩，Δx 不能立即变为 0。形变开始恢复得很快，以后越来越慢，这一形变恢复过程可以用下式表示：

$$\Delta x_t = \Delta x_0 e^{-t/\tau} \tag{5-1}$$

式中　Δx_0——外力作用下 PVC 丝的最大形变；

　　　Δx_t——外力除去后 t 时间 PVC 丝的形变量；

　　　t——观察时间；

　　　τ——松弛时间。

松弛时间宏观定义为：形变量恢复到原长度的 $1/e$ 时所需的时间。其取决于材料的固有性质以及温度、外力的大小，实际上世间所有的运动都需要时间，只不过小分子的这一时间在 $10^{-8} \sim 10^{-10}$ s 之间，可以看做是无松弛的瞬时过程。而像石林的生长、水滴石穿等现象由于这一时间太过漫长，也不认为是松弛过程，只有高分子的 τ 在 $10^{-1} \sim 10^4$ s 或更大时，可明显观察到松弛过程。

此外，由于高分子的分子量的多分散性，运动单元具有多重性，所以其松弛时间并不是单一的值，在一定范围内可以认为松弛时间具有一个连续的分布，称为"松弛时间谱"。

5.1.3　分子运动的温度依赖性

温度对于高分子的热运动有两个方面的作用：一是使运动单元活化；二是使高分子发生体积膨胀，增加了分子间的自由空间，这是各种运动单元发生运动所必需的。

对于高聚物中的许多松弛过程特别是那些由侧基、链节、支链等引起的松弛过程（称为次级松弛过程），松弛时间与温度的定量关系可以用 Eyring 关于速度过程的一般理论描述为：

$$\tau = \tau_0 e^{\frac{\Delta E}{RT}} \tag{5-2}$$

式中，ΔE 为松弛过程所需要的活化能。可见温度越低，松弛时间越长。对于分子运动或者一个松弛过程，升高温度和延长观察时间具有等效性。

对于由链段运动引起的松弛过程，被称为主松弛过程，也就是玻璃化转变过程，式(5-2)已经被证明是不适用的，松弛时间与温度的关系可以用 WLF 半经验方程描述：

$$\ln\left(\frac{\tau}{\tau_0}\right) = -\frac{C_1(T-T_0)}{C_2+(T-T_0)} \tag{5-3}$$

式中　τ_0——某一参考温度 T_0 下的松弛时间；

C_1，C_2——经验常数。

5.2　聚合物的力学状态和热转变

　　温度对聚合物的分子运动影响显著，取一块非晶高聚物，对它施加一恒定的力，观察试样发生的形变与温度的关系，得到如图 5-1 所示的曲线，称为温度形变曲线或热机械曲线。当温度较低时，试样呈刚性固体状，在外力作用下只发生非常小的形变；温度升到某一定范围后，试样的形变明显增加，并在随后达到一相对稳定的形变，在该范围内试样变成柔软的弹性体，温度继续升高时，形变基本保持不变；温度进一步升高，则形变又逐渐增大，试样最后变成黏性流体。

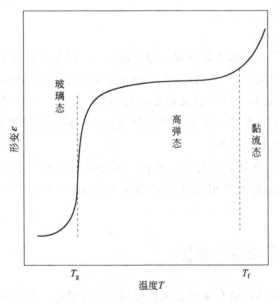

图 5-1　非晶高聚物的热机械曲线

　　根据高聚物力学性质随温度变化的性质，将非晶高聚物按温度区域分为三种力学状态——玻璃态、高弹态、黏流态；两种转变温度——玻璃态与高弹态之间的转变称为玻璃化转变温度 T_g，高弹态与黏流态之间的转变温度称为黏流温度 T_f。

5.2.1　玻璃态区

　　在较低温度下，分子热运动的能量低，主链和链段运动被"冻结"，只有链节、侧基、支链等小运动单元能够运动以及键长键角能够发生变化，高聚物的力学性质与小分子玻璃差不多，通常是脆性的。室温下典型的代表是 PS、PMMA 等。

5.2.2 玻璃化转变

玻璃化转变温度（T_g）是链段运动开始"解冻"或反之的温度，严格来说，它是一个温度范围，在此范围内，聚合物的性质类似皮革，故有时又称为"皮革态"。在 20～30℃的范围内，聚合物几乎所有的物理性质都发生突变，如模量、比热容、膨胀系数、比体积、介电常数、折射率等。

5.2.3 高弹态

在玻璃化转变温度以上，热运动的能量足以使链段运动，但是还不足以使整个分子链发生位移。这种状态下的高聚物受较小的力就可以发生很大的形变，外力除去后，形变会完全恢复，所以称为高弹形变，在高聚物热机械曲线上表现为一个大的几乎平行于温度轴的大平台，因此又称为"高弹平台"。高弹态是聚合物特有的力学状态，室温下未硫化的橡胶是典型的例子。

5.2.4 黏弹转变区

聚合物整个分子链的运动从冻结到运动的转变区，也是一个温度范围，对应的温度称为黏流温度，记为 T_f。在这一转变区，聚合物既表现出橡胶的弹性，又表现出液体的流动性，所以有时又称为橡胶流动区。

5.2.5 黏流态

温度高于黏流温度后，由于高分子的整个分子链发生相对位移，即发生不可逆形变，聚合物处于黏性液体状态。

5.2.6 其他聚合物材料的热机械行为

（1）交联高分子

低交联度时，如硫化橡胶，能够观察到 T_g，但是无法观察到 T_f，即不发生黏流；高交联度时，如酚醛树脂等热固性塑料，两个转变温度都观察不到。

（2）结晶高分子

结晶高聚物都含有非晶区，非晶部分在不同的温度条件下也发生上述两种转变。

在轻度结晶时，微晶起物理交联点作用，仍存在明显的玻璃化转变；当温度升高时，非晶部分从玻璃态变为高弹态，试样也会变成柔软的皮革状；随着结晶度的增加，相当于交联度的增加，非晶部分处于高弹态的结晶高聚物的硬度将逐渐增加，到结晶度大于40%后，微晶体彼此衔接，形成连续结晶相，使材料变得坚硬，宏观上将观察不到明显的玻璃化转变，其温度-形变曲线在熔点以前将不出现明显的转折。此时，结晶高聚物的晶区熔融后，是否进入黏流态，要视试样的分子量而定，如果分子量不太大，非晶区 T_f 低于晶区的 T_m，则晶区熔融后，试样便变成流体，如果分子量足够大，$T_f > T_m$，到 T_f 后，才能进入黏流态。从使用和加工的角度考虑，这种情况一般是不希望的，因为，这样会增加加工的能量消耗。图 5-2 所示为结晶聚合物的热机械曲线。

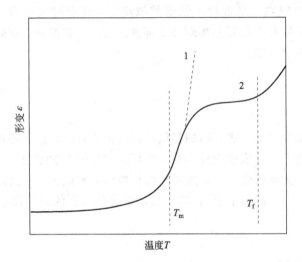

图 5-2 结晶聚合物的热机械曲线

1—正常结晶聚合物的曲线；2—高分子量结晶聚合物的曲线

（3）处于非晶态的易结晶高聚物

当结晶高聚物处于非晶态时，如通过配位聚合制备的全同立构 PS，经淬火处理可以得到非晶聚合物材料，当采用慢速升温方式时，其典型的温度形变曲线如图 5-3 所示。

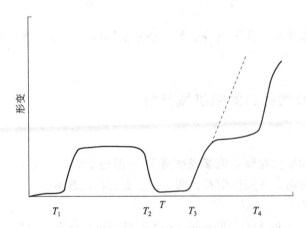

图 5-3 处于非晶态的易结晶高聚物的热机械曲线

曲线由三部分组成：第一部分为非晶态聚合物的玻璃化转变，形成第一高弹区（T_1 为玻璃化温度）；第二部分为结晶曲线，在 T_1 以上，高聚物发生结晶，形变减小（T_2 为结晶温度）；第三部分为典型的结晶高聚物的温度-形变曲线，其中也分较小分子量和较大分子量两种（T_3、T_4 分别为熔点和黏流温度）。

5.2.7 形变-温度曲线的其他表现形式

形变-温度曲线也常用模量-温度曲线表示，模量 E、形变 ε 和应力 σ 之间遵循胡克定律 $\sigma = \varepsilon E$，所以在一定应力下，模量与应变是倒数关系，随着温度的升高模量变小。

5.3　聚合物的玻璃化转变

玻璃化转变现象虽不是聚合物的特有现象，但是却是其特征现象，所有的高分子材料无论是结晶性的还是非晶性的都具有该特征现象。由于晶态聚合物的晶区对非晶部分的分子运动影响显著，所以一些高结晶度的聚合物如聚乙烯、聚甲醛等的玻璃化转变温度至今尚存在争议，这里主要探讨非晶态聚合物的玻璃化转变现象。

玻璃化温度（T_g）是聚合物的特征温度之一。从加工工艺来看，它是非晶态塑料的使用温度上限，是橡胶的使用温度下限。

5.3.1 T_g 的测定

凡是在玻璃化转变过程中有突变的物理性质，如形变、模量、比体积、膨胀系数、比热容、热导率、密度、折射率、介电常数等都可以用来测定 T_g。把各种测定方法分为四类：体积的变化、热力学性质的变化、力学性质的变化和电磁效应。测定体积的变化包括膨胀计法、折射率测定法等；测定热学性质的方法包括差热分析法（DTA）和差示扫描量热法（DSC）等；测定力学性质变化的方法包括热机械法（即温度-形变法）、应力松弛法、动态力学松弛法等；电磁效应包括介电松弛法、核磁共振松弛法等。下面只简要介绍一下膨胀计法和 DSC 法。

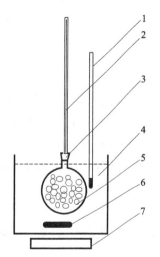

5.3.1.1 膨胀计法

膨胀计法实验装置如图 5-4 所示。

用膨胀计检测聚合物的比体积随着温度的变化。在膨胀计中装入一定量的聚合物试样，然后抽真空，在负压下充入水银，将此装置放入恒温油浴中，等速升温或者降温，记录毛细管中水银柱的液面高低。因为在 T_g 前后试样的比体积发生突变，所以比体积-温度曲线将发生偏折，将曲线两端的直线部分外推，其交点就是 T_g（见图 5-5）。

图 5-4　膨胀计法实验装置示意图
1—温度计；2—毛细管；3—试样瓶；
4—油浴；5—聚合物试样；
6—磁子搅拌；7—加热

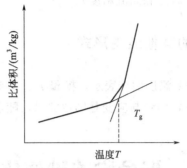

图 5-5　非晶聚合物的比体积-温度关系

5.3.1.2　量热法

聚合物在进行玻璃化转变时，虽然没有吸热和放热效应，故而在其 DSC 曲线上不会出现吸热峰或者放热峰，但是其比热容有突变，因此在 DSC 曲线上表现为基线向吸热方向偏移，出现了一个台阶，图 5-6 所示为聚甲基丙烯酸甲酯的 DSC 曲线，转折处对应的温度即是 PMMA 的 T_g。

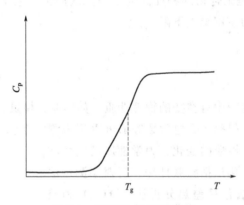

图 5-6　PMMA 的 DSC 曲线

另一种量热法叫差热分析法（DTA），该法与 DSC 类似。

此外，工业上有几种耐热性实验方法，如维卡软化点、热变形温度、马丁耐热温度等，它们统称为软化点，用以衡量塑料的最高使用温度，具有实用性，但是没有具体的物理意义，各种软化点的测定都有测试标准，对于非晶态聚合物，软化点接近 T_g，晶态聚合物结晶度足够大时，软化点接近 T_m。但是，有时软化点与 T_g 或 T_m 相差很大。

5.3.2　玻璃化转变理论

对于玻璃化转变现象，至今尚无完善的理论解释，主要的理论假设有：自由体积理论、热力学理论、动力学理论。下面简要介绍一下自由体积理论。

Fox、Flory 认为液体或固体物质的体积由两部分组成：一部分是分子占据的体积，称为已占体积；另一部分是未被占据的自由体积。自由体积以孔穴的形式分布于整个物质当中，正是自由体积的存在，分子链才可能通过转动和位移而调整构象。

自由体积理论认为，当高聚物冷却时，开始自由体积逐渐减少，到某一温度时将达到最低值，此时高聚物进入玻璃态。在玻璃态下，由于链段运动被冻结，自由体积也被冻结，并保持一恒定值，自由体积孔穴的大小及其分布也将基本维持恒定。因此对于任何高聚物，玻璃化温度就是自由体积达到某一临界值的温度，在该临界值以下，已经没有足够的空间进行分子链构象的调整了。因此高聚物的玻璃态可以视为等自由体积状态。

自由体积理论可以成功解释很多现象，但它也存在缺陷。冷却速度不同，高聚物的 T_g 并不一样，此时的比体积也不一样，因此，此时的自由体积也不同，同时 T_g 以下的自由体积也不同。

5.3.3 影响 T_g 的因素

玻璃化温度是高分子的链段从冻结到运动（或反之）的一个转变温度，而链段运动是通过主链的内旋转来实现的，因此，凡是能影响高分子链柔性的因素，都对 T_g 有影响。减弱高分子链柔性或增加分子间作用力的因素，如引入刚性或极性基团、交联或结晶都会使 T_g 升高，而增加高分子链柔性的因素如加入增塑剂或溶剂、引入柔性基团等则会使之降低。

5.3.3.1 化学结构的影响

（1）主链结构

主链由饱和单键构成的聚合物，分子链可以围绕单键发生内旋转，所以一般 T_g 都不太高，特别是没有极性侧基时，T_g 就更低了。一般 T_g 的高低与高分子链柔顺性顺序一致。我们知道单键柔顺性从高到低的顺序为 Si—O＞C—O＞C—C。则下列聚合物（括号中为 T_g）：聚二甲基硅氧烷（－123℃）、聚甲醛（－83℃）、聚乙烯（－68℃），主链引入苯环，分子链的刚性增大，T_g 提高。

聚合物（括号中为结构单元，T_g）：PET（ —OCH₂CH₂OOC—⟨苯环⟩—CO— ，65℃）、PC（ —O—⟨苯环⟩—C(CH₃)₂—⟨苯环⟩—O—C(=O)— ，150℃）、PPO（ —⟨苯环(CH₃)₂⟩—O— ，220℃），主链上含孤立双键的聚合物比较柔顺，T_g 较低；共轭二烯聚合物中反式结构比较刚性，T_g 较高。

聚合物（括号中为 T_g）聚丁二烯（－95℃）、天然橡胶（－73℃）、丁苯橡（－61℃），如果双键不是孤立双键而是共轭双键，如聚乙炔，分子链不能内旋转，刚性极大，T_g 很高。

（2）取代基团的空间位阻和侧链的柔性

对于单取代烯烃聚合物，随着取代基体积的增大，分子链内旋转位垒增加，T_g 将升高。如 T_g 由高到低的顺序为 PS、PP、PE。

对于 1,1-二取代的烯烃聚合物，如果取代基不同，其空间位阻增加，T_g 升高，典型的例子是聚丙烯、聚丙烯酸甲酯和聚甲基丙烯酸甲酯；而对称取代时，其主链旋转位阻反而较单取代减小，T_g 下降，典型的两组例子是聚丙烯和聚异丁烯、聚氯乙烯和聚偏二氯乙烯（见表5-1）。

表5-1　侧基对称性对聚合物 T_g 的影响

聚合物	结构单元	T_g/℃	聚合物	结构单元	T_g/℃
聚丙烯	$-CH_2-\overset{\overset{H}{\mid}}{\underset{\underset{CH_3}{\mid}}{C}}-$	−10	聚丙烯	$-CH_2-\overset{\overset{H}{\mid}}{\underset{\underset{CH_3}{\mid}}{C}}-$	−10
聚甲基丙烯酸甲酯	$-CH_2-\overset{\overset{COOCH_3}{\mid}}{\underset{\underset{CH_3}{\mid}}{C}}-$	105	聚异丁烯	$-CH_2-\overset{\overset{CH_3}{\mid}}{\underset{\underset{CH_3}{\mid}}{C}}-$	−70
聚苯乙烯	$-CH_2-\overset{\overset{H}{\mid}}{\underset{\underset{ph}{\mid}}{C}}-$	100	聚氯乙烯	$-CH_2-\overset{\overset{H}{\mid}}{\underset{\underset{Cl}{\mid}}{C}}-$	87
聚 α-甲基苯乙烯	$-CH_2-\overset{\overset{CH_3}{\mid}}{\underset{\underset{ph}{\mid}}{C}}-$	180	聚偏二氯乙烯	$-CH_2-\overset{\overset{Cl}{\mid}}{\underset{\underset{Cl}{\mid}}{C}}-$	−19

并不是侧基的体积越大，T_g 就一定升高。例如聚甲基丙烯酸酯类的正构烷基侧基体积增大，T_g 反而下降，这是因为其侧基是柔性的，侧基越大，柔性越大（见表5-2）。更能说明侧基对 T_g 影响的例子是三种不同的聚丙烯酸丁酯，正、仲、叔的 T_g 依次增高。

$$-(H_2C-\overset{\overset{H_3C}{\mid}}{\underset{\underset{COOC_nH_{2n+1}}{\mid}}{C}})_n-$$

表5-2　侧基柔性对聚甲基丙烯酸酯 T_g 的影响

n	1	2	3	4	5	6	8	12	18
T_g/℃	105	65	35	20	−5	−5	−20	−65	−100

在一取代和1,1-不对称二取代的烯类聚合物中，存在旋光异构体。通常一取代聚烯烃的不同旋光异构体，不表现 T_g 的差别，而1,1-二取代聚烯烃中，间同聚合物有高得多的 T_g（见表5-3）。

表5-3　构型对聚甲基丙烯酸酯 T_g 的影响

侧基	甲基		乙基		异丙基		环己基	
	全同	间同	全同	间同	全同	间同	全同	间同
T_g/℃	45	115	8	65	27	81	51	104

（3）分子间力的影响

侧基的极性越强，T_g 越高。表5-4列出了侧基极性对 T_g 的影响结果。

表 5-4　侧基极性对聚合物 T_g 的影响

聚合物	PE	PP	PAM	PVAc	PVA	PVC	PAA	PAN
取代基	无	—CH₃	—COOCH₃	—OOCCH₃	—OH	—Cl	—COOH	—CN
T_g/℃	—68	—10，—18	3,6	28	85	81,87	106	104

增加分子链上极性基团的数量，也能提高聚合物的 T_g，但是当极性基团的数量超过一定数值后，由于它们之间的静电斥力超过吸引力，反而导致分子间距离增大，T_g 下降。例如氯化聚氯乙烯（CPVC）的 T_g 与含氯量的关系如表 5-5 所列。

表 5-5　含氯量对 CPVC T_g 的影响

含氯量/%	61.9	62.3	63.0	63.8	64.4	66.8
T_g/℃	75	76	80	81	72	70

分子间氢键可以显著提高 T_g，例如同样碳链长度的脂肪族聚酯和聚酰胺的 T_g，后者高得多，就是因为后者可以形成分子间氢键；离子键的引入可以显著提高 T_g。例如在聚丙烯酸中引入 Na^+、Cu^{2+} 后，T_g 由 106℃ 提高到了 280℃ 和 500℃ 以上。

一些聚合物的 T_g 列于表 5-6 中。

表 5-6　聚合物的玻璃化转化温度

聚合物	T_g/℃	聚合物	T_g/℃
聚乙烯	—68(—120)	聚 α-甲基苯乙烯	192(180)
聚丙烯(全同立构)	—10(—18)	聚邻甲基苯乙烯	119(125)
聚异丁烯	—70(—60)	聚间甲基苯乙烯	72(82)
聚异戊二烯(顺式)	—73	聚对甲基苯乙烯	110(126)
聚异戊二烯(反式)	—60	聚邻苯基苯乙烯	110(126)
聚 1,4-丁二烯(顺式)	—108(—95)	聚对苯基苯乙烯	138
聚 1,4-丁二烯(反式)	—83(—50)	聚对氯苯乙烯	128
聚 1,2-丁二烯(全同立构)	—4	聚 2,5-二氯苯乙烯	130(115)
聚 1-丁烯	—25	聚 α-乙烯萘	162
聚 1-己烯	—50	聚丙烯酸甲酯	3(6)
聚 1-辛烯	—65	聚丙烯酸乙酯	—24
聚 1-十二烯	—80	聚丙烯酸丁酯	—56
聚 4-甲基-1-戊烯	29	聚丙烯酸	106(97)
聚甲醛	—83(—50)	聚丙烯酸钠	280
聚 1-戊烯	—40	聚丙烯酸铜	500
聚氧化乙烯	—66(—53)	聚丙烯酸锌	＞300
聚乙烯基甲基醚	—13(—20)	聚甲基丙烯酸甲酯(间同)	115(105)
聚乙烯基乙基醚	—25(—42)	聚甲基丙烯酸甲酯(全同)	45(55)
聚乙烯基丁基醚	—52(—55)	聚甲基丙烯酸乙酯	65
聚乙烯基异丁基醚	—27(—18)	聚甲基丙烯酸丙酯	35
聚乙烯基叔丁基醚	88	聚甲基丙烯酸丁酯	21
聚二甲基硅氧烷	—123	聚甲基丙烯酸己酯	—5
聚苯乙烯(无规立构)	100(105)	聚甲基丙烯酸辛酯	—20
聚苯乙烯(全同立构)	100	聚氟乙烯	40(—20)

聚合物	$T_g/℃$	聚合物	$T_g/℃$
聚氯乙烯	87(81)	乙基纤维素	43
聚偏二氯乙烯	−40(−46)	三硝酸纤维素	53
聚偏二氟乙烯	−19(−17)	聚对苯二甲酸乙二酯	65
聚1,2-二氯乙烯	145	聚对苯二甲酸丁二酯	40
聚氯丁二烯	−50	聚碳酸酯	150
聚四氟乙烯	126(−65)	聚己二酸乙二酯	−70
聚三氟氯乙烯	45	聚辛二酸丁二酯	−57
聚全氟丙烯	11	尼龙-6	50(40)
聚丙烯腈	104(130)	尼龙-10	42
聚甲基丙烯腈	120	尼龙-11	43(46)
聚乙酸乙烯酯	28	尼龙-12	42
聚乙烯醇	85	尼龙-66	50(57)
聚乙烯咔唑	208(150)	尼龙-610	40(44)
聚乙烯基甲醛	105	聚苯醚	220(210)
聚乙烯基丁醛	49(59)	聚乙烯基吡咯烷酮	175
三乙酸纤维素	105	聚萘烯	321

注：1. 括号中是参考数据

2. 同一种聚合物 T_g 测定值之间的差别既与所用试样有关，又与测试方法和条件有关。特别是对于结晶度高的聚合物，由于结晶的影响，致使测定 T_g 的部分方法失效或者效果不佳，故测得的数值差别较大。

5.3.3.2 其他结构因素的影响

（1）共聚

无规共聚物的 T_g 介于两组分均聚物的 T_g 之间。它们之间的关系既有线性加和的也有非线性加和的，有许多经验公式可以估计。对于交替共聚物只有一个 T_g。以下为估算无规共聚物 T_g 的两个经验公式。其中式(5-4)是由摩尔分数估算 T_g，式(5-5)是由质量分数估算 T_g。

$$T_g = x_1 T_{g1} + x_2 T_{g2} \tag{5-4}$$

$$\frac{1}{T_g} = \frac{W_1}{T_{g1}} + \frac{W_2}{T_{g2}} \tag{5-5}$$

嵌段和接枝共聚物就比较复杂，关键在于两种组分均聚物的相容性，如果能够相容，则可以形成均相材料，只有一个 T_g；若不能相容，则发生相分离，形成两相体系，各相有一个 T_g，其值接近于各组分均聚物的 T_g。嵌段共聚物的嵌段数目和嵌段长度，接枝共聚物的接枝密度和支链长度，以及组分的比例，都对组分的相容性有影响，因此也对 T_g 有影响。

（2）共混

共混聚合物的 T_g 基本上由两种聚合物的相容性决定。如果两种聚合物完全互容，其共混物只有一个 T_g，介于两个聚合物的 T_g 之间；如果部分互容，那么共混物将和无规共聚物一样出现宽的转变温度范围或者相互内移的两个转变温度；如果完全不互容，则其共混物有两相共存，均有相应的 T_g。

（3）交联

交联使 T_g 升高。理论上，交联时必须同时考虑共聚和交联的双重影响，共聚一般会

使 T_g 降低，而交联则使 T_g 升高。当交联度高到一定程度后，就观察不到 T_g 了。例如硫化天然橡胶的含硫量增加时，T_g 的变化如表 5-7 所列。

表 5-7　天然橡胶的 T_g 与含硫量的关系

含硫量/%	0	0.25	10	20	＞30
T_g/℃	−65	−64	−40	−24	硬橡皮

有如下经验公式用于估算低交联度时的聚合物的 T_g。

$$T_{gx} - T_{g0} \approx \frac{3.9 \times 10^4}{\overline{M}_c} \tag{5-6}$$

式中，T_{gx} 和 T_{g0} 分别为交联聚合物和非交联聚合物的玻璃化温度；$\overline{M}_c$ 为临界交联网分子量。

（4）分子量

分子量增加，T_g 升高，特别是分子量较低时，这种影响更加明显，当分子量超过一定数值后，就不明显了。可以用下面的公式估算不同分子量的聚合物的 T_g。

$$T_g = T_g(\infty) - \frac{K}{M_n} \tag{5-7}$$

式中，$T_g(\infty)$ 为临界分子量时聚合物的 T_g；K 为特征常数。

对于 PS，它们分别为 100℃ 和 1.8×10^5。由于一般聚合物的分子量远远高于临界分子量，所以分子量对 T_g 的影响不大。

（5）增塑剂或稀释剂

增塑剂可以明显降低 T_g。增塑剂对 T_g 的影响也可以用式(5-4) 和式(5-5) 估算，只不过式(5-4) 中的摩尔分数改为体积分数即可。

通常，共聚作用降低熔点的效应比增塑更有效，而增塑作用降低玻璃化温度的效应比共聚更有效。

5.3.3.3　外界条件的影响

（1）升（降）温速率

玻璃化转变不是热力学平衡过程，测量 T_g 时，随着升（降）温速度的减慢，所得数值偏低，原因在于链段运动需要时间。一般升（降）温速率提高 10 倍，测得的 T_g 升高 3℃（见图 5-7）。

聚合物在 T_g 以下时，链段不能运动，显示固体行为。但是分子的排列是无序的，因此像是液体，处于热力学的不平衡态。例如无规立构的 PS、PMMA 等聚合物的熔体，无论降温速率如何，只能形成玻璃非晶态。但是其比体积等性质也受降温速率的影响。那么处于这种状态的聚合物的体积、热焓等均大于相应的平衡态的数值，随着时间的延长，逐渐向平衡态的数值松弛。为此聚合物的某些性质也将随时间而变化，这种现象称为老化，为了与热降解、光氧化降解等化学老化现象区别，将其称为物理老化。

（2）外力

单向的外力使链段运动，可以使得链段在较低的温度下开始运动，因此使 T_g 降低。

（3）围压力

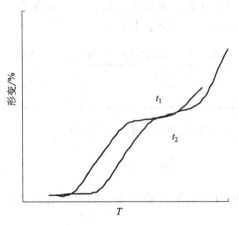

图 5-7　不同升温速率下的 T_g $(t_2 > t_1)$

随着高聚物周围流体静压力的提高，许多高聚物的 T_g 呈线性升高。在常压附近的小压力变化对 T_g 的影响可以忽略，但对于高压下应用的高聚物，T_g 的变化是一个不容忽视的问题。例如对于海底电缆，压力达到 $10 \sim 10^2$ MPa，T_g 将明显升高，那就意味着聚合物在常温下的脆性大幅度提高，耐冲击强度降低，在选择材料时一定要考虑这一点。

（4）测量频率

由于玻璃化转变是松弛过程，外力作用的速度不同将引起转变点的不同，外力作用频率增加，T_g 升高。

5.3.4　高聚物的次级松弛

在玻璃化温度以下，高聚物的整链和链段运动被冻结了，但多种小尺寸的运动单元，所需要的活化能低，可以在较低的温度下被激发。这些小尺寸的运动单元同样也要发生从冻结到运动或相反的变化过程，这些过程也是松弛过程，通常称为高聚物的次级松弛过程，以区别发生在玻璃化转变区的主要松弛过程。

高聚物的小运动单元包括侧基、支链、主链或支链上的官能团、个别链节或链段的某一局部。依照它们的大小和运动方式的不同，运动所需活化能不同，也将在不同的温度范围内发生，伴随着这些过程，高聚物的物理性质也发生相应的变化。

不同高聚物次级松弛过程的数目和发生这些松弛过程的温度范围各不相同。

随着研究聚合物分子运动实验技术的发展，可以用于检测次级松弛的手段日益增多，通常动态方法更为有效，如动态力学方法（DMA）、介电松弛等。

5.4　聚合物的黏性流动

几乎所有高聚物的加工成型都是利用其黏流态下的流动性进行的（塑料、橡胶、纤维）。由于大多数高聚物是在 300℃以下进入黏流态，比金属、无机非金属等材料（耗能大户）的流动温度低，给加工成型带来了方便，高分子材料的易于加工成型正是其优越性能的一个重要方面。

流变学是研究物质流动和变形的一门科学。由于高聚物的流动性表现出非理想流体特征，增加了高聚物成型制品的质量控制的复杂性，形成了现代流变学的一个重要分支——高聚物流变学。

当高聚物熔体和溶液（简称流体）在受外力作用时，既表现黏性流动，又表现出弹性形变，因此称为高聚物流体的流变性或流变行为。

5.4.1 高聚物黏性流动的特点

① 高分子流动是通过链段的位移运动来完成的。

高分子流动不是简单的整个分子的迁移，而是通过链段的相继跃迁实现的。

② 高分子流体不符合牛顿流体的流动规律。

低分子流体流动时，流速越大，受到的阻力越大，剪切应力 σ 与剪切速率 $d\gamma/dt = \dot{\gamma}$ 成正比。其比例常数即为黏度。

$$\sigma = \eta\dot{\gamma} \tag{5-8}$$

黏度不随剪切应力和剪切速率而变的流体，称为牛顿流体。低分子液体和高分子稀溶液属于牛顿流体。

凡是不符合牛顿流体公式的流体，称为非牛顿流体，其中流变行为与时间无关的有假塑性流体、胀塑性流体和宾汉流体等。

a. 假塑性流体 大多数高聚物熔体和浓溶液属此类。其黏度随剪切速率的增加而减小，即剪切变稀，是由于高分子在流动过程中分子沿流动方向的取向造成的。

b. 胀性流体（胀流体） 随剪切速率的增加，黏度增大，即剪切变稠。常发生于各种分散体系，如高聚物悬浮液、胶乳和高聚物-填料体系。

以上两种流体均可以以下公式表示：

$$\sigma = K\dot{\gamma}^n \tag{5-9}$$

式中，K 为常数；n 为表征偏离牛顿流体程度的指数，称为非牛顿指数，假塑性流体 $n<1$，胀流体 $n>1$，牛顿流体可看作 $n=1$ 的特殊情况。

c. 宾汉流体（塑性流体） 具有真正的塑性，即在受剪切应力小于某一临界值时不发生流动，而超过该值时，可像牛顿流体一样流动。如泥浆、牙膏和油脂、涂料等。

图 5-8 和图 5-9 列出了各种流体的应力-切变速率和黏度-切变速率曲线。

此外还有一些黏度与时间有关的流体类型，如在恒定剪切速率下，黏度随时间的增加而降低的流体称为触变（摇溶）性流体，相反称为反触变（摇凝）性流体。在高分子熔体中也常见到这种现象。

③ 高分子流动时伴有高弹形变。

低分子液体流动所产生的形变是完全不可逆的，而高聚物在流动时所产生的形变中一部分是可逆的。因为高分子的流动并非高分子链之间简单滑移的结果，而是各个链段分段

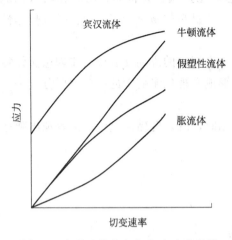

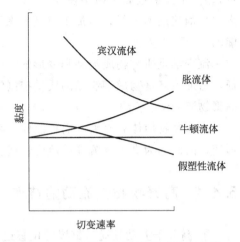

图 5-8　各种流体的应力-切变速率曲线　　　图 5-9　各种流体的黏度-切变速率曲线

运动的总结果，在外力作用下，高分子链不可避免地要顺外力方向有所伸展，即高聚物在黏性流动的同时伴有一定量的高弹形变，这部分形变显然是可逆的，外力消失后，高分子链又会蜷曲起来，因此整个形变要恢复一部分。

高弹形变的恢复过程也是松弛过程，恢复得快慢一方面与高分子链本身的柔顺性有关，柔顺性好，恢复快；另一方面与温度有关，温度高，恢复快。

高聚物挤出成型时，出现挤出膨胀现象，即是由高弹形变回缩引起的。在高聚物成型加工过程中必须注意，在设计制品时，要尽量做到厚薄相差不要过分悬殊。但有时制件各部分厚薄不同是常见现象，为了消除内应力，需要对制件进行热处理。

5.4.2　影响黏流温度的因素

5.4.2.1　分子结构

分子链越柔顺，黏流温度越低；分子间相互作用力越大，黏流温度越高，即高分子的极性越大，黏流温度越高。如 PS 和 PMMA 有很多相似点，它们都是典型的非晶高分子材料，透明性很强，在前述柔顺性和玻璃化温度方面，它们也都表现刚性和脆性，以及近似相同的玻璃化温度，但是由于 PS 上苯环的极性很小，其分子间作用力小，黏流温度低，T_g 和 T_f 很接近，易于加工成型；而 PMMA 中的酯基上有极性的氧原子，造成其 T_f 很高，甚至高于其分解温度，因此很难加工，有时就采用少量苯乙烯共聚来改善其加工性。

PVC 黏流温度很高，甚至高于分解温度，必须加入增塑剂降低黏流温度，而加入稳定剂提高分解温度。

5.4.2.2　分子量的影响

T_g 是高分子链段开始运动的温度，因此它与分子量关系不大（当分子量达到某数值时），而 T_f 则是整个高分子链开始运动的温度，因此分子量的影响很大，分子量越大，黏流温度越高。分子量过大，将影响加工温度，因此在能够保证制品有足够强度的前提下，尽量降低分子量，以降低加工温度。但应该指出，由于高聚物分子量的多分散性，实际上非晶高聚物没有明晰的黏流温度，而往往是一个较宽的软化区域，在此温度区域内，均易于流动，可以进行加工成型。

5.4.2.3 外力大小与作用时间

外力增大实质上是更多抵消着分子链沿与外力相反方向的热运动，提高链段沿外力方向跃迁的概率，因此外力的存在可以使高聚物在较低的温度下发生流动。了解外力对黏流温度的影响对于加工成型是非常有利的。对于聚砜、聚碳酸酯等黏流温度很高的工程塑料的加工成型，一般采用较大的注射压力来降低黏流温度，但不能过大，以免造成制品表面粗糙。

延长外力作用时间也有助于降低黏流温度。

黏流温度是高聚物加工成型的下限温度，实际上为了提高高聚物的流动性和减少弹性形变，通常加工温度要高于黏流温度，但温度过高，流动性太大，会造成工艺上的麻烦和制品收缩率的加大，而且可能导致树脂的分解。所以高聚物加工的上限温度是分解温度。

5.4.3 高聚物的流动性表征

5.4.3.1 剪切黏度

高聚物熔体均为非牛顿流体，黏度有剪切速率依赖性。除了牛顿黏度以外，还定义了几种黏度。

在低剪切速率下，非牛顿流体可以表现出一定的牛顿流体性质，因此由 σ_s 对 $\dot{\gamma}$ 曲线的初始斜率可以得到牛顿黏度，称为零切速率黏度（零切黏度），η_0，即剪切速率等于零时的黏度。对于特定剪切速率时的黏度，有另外一种黏度定义。

表观黏度 η_a，其意义是对 σ_s 和 $\dot{\gamma}$ 之比已不再是常数的非牛顿流体，仍与牛顿黏度相类比，取此比值为表观黏度：

$$\eta_a = \eta(\dot{\gamma}) = \sigma_s(\dot{\gamma})/\dot{\gamma} = K\dot{\gamma}^n/\dot{\gamma} = K\dot{\gamma}^{n-1} \tag{5-10}$$

由于高聚物的流动过程同时含有不可逆的黏性流动和可逆的高弹形变，使总形变增大，而牛顿黏度是对不可逆部分而言的，所以高聚物表观黏度比牛顿黏度小，即表观黏度并非完全反映高聚物不可逆形变的难易程度，但作为流动性好坏的一个指标是实用的，表观黏度大，流动性不好。

5.4.3.2 拉伸黏度

剪切黏度是剪切流动的，这种流动产生的速度梯度场是横向的，即速度梯度的方向垂直于流动方向，高聚物在挤出机、注射机的管道中或喷丝板的孔道中的流动属于此类。另一种情况下，液体流动可产生纵向速度梯度场，称为拉伸流动。吹塑成型中离开模口后的流动，纺丝时离开喷丝口时的流动，是拉伸流动的典型例子。在此种情况下，定义拉伸黏

度 η_t 为：

$$\eta_t = \sigma / \varepsilon \tag{5-11}$$

式中，σ 为拉伸应力；ε 为拉伸应变速率。

5.4.3.3 熔融指数

是指在一定温度下，熔融状态的高聚物在一定负荷下，10min 内从规定直径和长度的毛细管中流出的质量（克数）。熔融指数越大，流动性越好。它的测定用标准的熔融指数仪进行。

熔融指数作为表征流动性的一种参数，并不必深究其含义。由于概念和测量方法简单，在工业上已经普遍采用，作为高聚物树脂产品的一种质量指标。应用时可以根据所用加工方法和制件的要求，选择熔融指数适用的牌号，或者根据熔融指数选定加工条件。不同的加工方法要求不同的流动性。一般注射成型要求流动性大些，挤出成型要求流动性小些，吹塑成型介于二者之间。

熔融指数实际测定的是给定剪切速率下的流度（即黏度的倒数）。一般仪器的载荷为 2.16kg，从毛细管直径计算，剪切应力为 200kPa，剪切速率约为 $10^{-2} \sim 10^{-1} \mathrm{s}^{-1}$ 范围，因此它反映的是低剪切速率区的流度。

剪切黏度可以采用各种黏度计进行测定，如毛细管挤出黏度计、同轴圆筒黏度计、锥板黏度计、落球黏度计等。表 5-8 所列为几种测定剪切黏度方法的适用范围。

表 5-8　几种测定剪切黏度方法的适用范围

方法	测量黏度范围/Pa·s
落球黏度计	$10^{-5} \sim 10^4$
毛细管黏度计	$10^{-1} \sim 10^7$
平行板黏度计	$10^3 \sim 10^8$
同轴圆筒黏度计	$10^{-3} \sim 10^{11}$
锥板黏度计	$10^2 \sim 10^{11}$

5.4.4 高聚物熔体的流动曲线

当在较宽的剪切应力和剪切速率变化范围内观察高聚物熔体的流动行为时，由于两个变量都可有几个数量级的变化，通常将 σ_s-$\dot{\gamma}$ 关系改写成对数式，并用双对数坐标图来表示，对于牛顿流体：

$$\lg \sigma_s = \lg \eta + \lg \dot{\gamma} \tag{5-12}$$

对于高聚物熔体，在低剪切速率范围，黏度基本保持常数，高聚物熔体表现出牛顿流体的流动行为；当剪切速率提高到某一数值时，黏度开始随剪切速率而降低，发生剪切变稀，表现出假塑性行为；到达很高的剪切速率时，黏度又接近于常数，重新表现出牛顿流体的行为。因此可以将高聚物熔体的流动行为分为三个区域：第一牛顿区，假塑性区和第二牛顿区。

$$\lg\sigma_s=\lg K+n\lg\dot{\gamma} \tag{5-13}$$

以 $\lg\sigma_s$ 对 $\lg\dot{\gamma}$ 作图，所得曲线称为流动曲线（见图 5-10）。

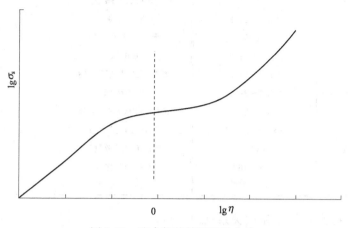

图 5-10　聚合物的剪切流动曲线

曲线包含三段：低剪切速率区是一段斜率为 1 的直线，即第一牛顿区，$n=1$，$\lg K=\lg\eta_0$，η_0 为零切黏度，中等剪切速率区是一段反 S 曲线，在这个区域里，高聚物熔体的黏度由表观黏度 η_a 表示，从曲线上任何一点引斜率为 1 的直线，与 $\lg\dot{\gamma}=0$ 的直线的相交点，得到的就是该点的表观黏度。高剪切速率区又是一段斜率为 1 的直线，其黏度为无穷剪切速率黏度（无穷切黏度）η_∞，显然 $\eta_0>\eta_a>\eta_\infty$。

在一般实验中，高聚物熔体的第二牛顿区不容易得到，原因是在高剪切速率下，高聚物熔体会产生大量热量，使温度升高，流动行为发生变化，并且在高剪切速率下，熔体流动的稳定性受到破坏，出现弹性湍流，使实验测量遇到困难。

高聚物浓溶液也有类似流动曲线。

5.4.5　加工条件对高聚物熔体剪切黏度的影响

5.4.5.1　温度的影响

熔体黏度随温度升高以指数方式降低，熔融黏度的对数与温度的倒数之间存在线性关系。在高聚物加工中，温度是黏度调节的首要手段。

$$\ln\eta=\ln A+\frac{\Delta E_\eta}{RT} \tag{5-14}$$

各种高聚物的表观黏度表现出不同的温度敏感性。直线斜率 $\Delta E_\eta/R$ 较大，即流动活化能较高，黏度对温度变化较敏感。一般分子链刚性越大，分子间力越大，则流动活化能越高，黏度的温度敏感性越大。对于这类高聚物，要调节表观黏度，提高温度是有效的，例如 PC、PMMA 等。它们被称为温敏材料。

一些高聚物的流动活化能见表 5-9。

当温度降到黏流温度以下时，式(5-14)的线性关系不再存在，WLF 方程很好地描述了在 T_g 以上 100℃ 范围内黏度与温度的关系。

表 5-9　一些高聚物的流动活化能

高聚物	$\Delta E_\eta/(kJ/mol)$	高聚物	$\Delta E_\eta/(kJ/mol)$
聚二甲基硅氧烷	16.7	聚乙酸乙烯酯	250
高密度聚乙烯	26.3～29.2	聚 1-丁烯	49.6
低密度聚乙烯	48.8	聚乙烯醇缩丁醛	108.3
聚丙烯	37.5～41.7	聚酰胺	63.9
顺丁橡胶	19.6～33.3	聚对苯二甲酸乙二酯	79.2
天然橡胶	33.3～39.7	聚碳酸酯	108.3～125
聚异丁烯	50～62.5	苯乙烯-丙烯腈共聚物	104.2～125
聚苯乙烯	94.6～104.2	ABS(20%橡胶)	108.3
聚 α-甲基苯乙烯	133.3	ABS(30%橡胶)	100
聚氯乙烯	147～168	ABS(40%橡胶)	87.5
增塑聚氯乙烯	210～315	硝酸纤维素	293.3

不同高分子材料的黏度-温度关系见图 5-11。

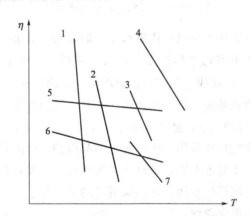

图 5-11　不同高分子材料的黏度-温度关系
1—醋酸纤维；2—PS；3—PMMA；4—PC；5—PE；6—POM；7—PA

对于大多数非晶高聚物，存在：

$$\lg\left[\frac{\eta(T)}{\eta(T_g)}\right] = -\frac{17.44(T-T_g)}{51.6+(T-T_g)} \tag{5-15}$$

5.4.5.2　剪切速率和剪切应力的影响

在指定的剪切速率范围内，各种高聚物熔体的剪切黏度随剪切速率的变化情况并不相同。柔性链的聚氯醚和聚乙烯的表观黏度随剪切速率的增加而明显下降，而刚性链的聚碳酸酯等则下降不多。这是因为柔性链容易通过链段运动而取向，而刚性高分子链段较长，取向所遇到的内摩擦阻力较大，因此在流动过程中取向作用小，随剪切速率的变化，黏度变化也小。

剪切应力对黏度的影响规律与剪切速率类似。

柔性链高分子（聚乙烯、聚甲醛等）比刚性分子（PC、PMMA 等）表现出更大的剪切敏感性。这些柔性高分子被称为切敏材料。

5.4.5.3 压力的影响

压力增大，黏度增加。所以在成型加工中，有时为了提高效率而同时提高 T 和 P，结果两种相反的作用对消，熔体黏度基本不变。

不同高聚物黏度与剪切速率之间的关系见图 5-12。

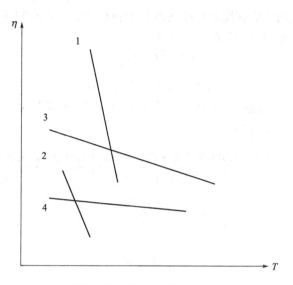

图 5-12 不同高聚物黏度与剪切速率之间的关系
1—POM（柔性，敏感）；2—醋酸纤维素（柔性，敏感）；
3—PMMA（刚性，不敏感）；4—PC（刚性，不敏感）

5.4.5.4 实际应用

在高聚物加工中，不同的加工方法和制件形状，要求有不同的熔体黏度与之相适应，除了选择适当牌号的原料以外，还要控制适当的加工工艺条件，以获得适当的流动性。

对于注射加工薄壁长流程制件，要求高聚物熔体具有较好的流动性，以保证物料充满模腔。为此，对于不同的物料必须采取不同的方法。对分子链较为柔顺的聚乙烯、聚甲醛等，主要通过提高柱塞压力（剪切应力）和提高螺杆转速（剪切速率）来降低黏度；而对于 PC、PMMA 等刚性较大的高分子，则主要通过提高料筒温度来降低黏度，因为它们的黏度对温度较为敏感。

5.4.6 高聚物分子结构因素对剪切黏度的影响

5.4.6.1 分子量的影响

高聚物熔体的剪切黏度随分子量的升高而增加，而且分子量的缓慢增加，将导致表观黏度的急剧增加和熔融指数的迅速下降，分子量对流动性的影响很大。

熔融指数（melting index）MI 与分子量 M 之间有如下关系：

$$\lg(MI) = A - B \lg M \tag{5-16}$$

式中，A、B 为高聚物的特征常数，因此工业上常用熔融指数作为衡量高聚物分子量大小的一种相对指标。但支化度和支链的长短等因素对熔融指数也有影响，只有在结构相似的情况下，才能用熔融指数对同一高聚物的不同试样做分子量大小的比较。

从表 5-10 所列数据看出，对于 LDPE，其分子量增加还不到三倍，但是其表观黏度却已经增加了四五个数量级，熔融指数则下降了四五个数量级。

许多高聚物熔体的剪切黏度具有相同的分子量依赖性，都存在一临界分子量 M_c，高聚物熔体零切黏度与重均分子量的关系如下：

$$\eta_0 = K_1 \overline{M}_w \quad (\overline{M}_w < M_c) \tag{5-17}$$

$$\eta_0 = K_2 \overline{M}_w^{3.4} \quad (\overline{M}_w > M_c) \tag{5-18}$$

上述讨论均限于剪切速率和剪切应力比较小的情况，如果增大，进入假塑性区，剪切黏度与分子量的关系更加复杂。

表 5-10　LDPE 的熔体黏度、熔融指数与分子量的关系

$\overline{M}_n \times 10^{-4}$	表观黏度(190℃)/Pa·s	熔融指数/(g/10min)
1.9	4.5×10	170
2.1	1.1×10^2	70
2.4	3.6×10^2	21
2.8	1.2×10^3	6.4
3.2	4.2×10^3	1.8
4.8	3.0×10^4	0.25
5.3	1.5×10^6	0.005

几种高聚物的临界分子量见表 5-11。

表 5-11　几种高聚物的临界分子量

高聚物	M_c	高聚物	M_c
聚乙烯	4000	天然橡胶	5000
聚丙烯	7000	聚异丁烯	17000
聚氯乙烯	6200	聚氧化乙烯	6000
聚乙烯醇	7500	聚乙酸乙烯酯	25000
尼龙-6	5000	聚二甲基硅氧烷	30000
尼龙-66	7000	聚苯乙烯	35000

从高聚物成型加工的角度考虑，希望高聚物的流动性要好，这样可以使之与助剂配合均匀，制品表面光洁。降低分子量可以增加流动性，改善其加工性能，但过多降低分子量又会影响制品的机械强度。对于三大合成材料来说，要恰当选择分子量，在满足加工要求的前提下，尽量提高分子量；在满足机械强度的前提下，尽量降低分子量。

合成橡胶分子量较大，一般在 20 万左右。合成纤维分子量较小，否则在通过喷丝孔时会造成困难。塑料分子量介于二者之间。

加工方法也对分子量有要求，注射成型的分子量低，挤出成型的分子量高，吹塑成型的分子量介于二者之间。

5.4.6.2 分子量分布对熔融黏度的影响

分子量分布（MWD）较窄的高聚物，熔体的剪切黏度主要由重均分子量决定，而MWD较宽的高聚物，其熔体黏度与重均分子量没有严格的关系。

从分子量对剪切黏度的影响来看，在临界分子量以上，零切黏度与重均分子量的3.4次方成正比，因此对于分子量分布较宽的聚合物，高分子量部分对零切黏度的贡献比低分子量部分大得多。这样两个重均分子量相同的高聚物，分子量分布较宽的有可能比分布窄的具有较高的零切黏度。

同时，分子量大小不同，对剪切速率的反应也不同，分子量越大，对剪切速率越敏感，剪切引起的黏度降低越大，从第一牛顿区进入假塑性区也越早，即在更低的剪切速率下便发生黏度随剪切速率而降低的现象。因此在重均分子量相同时，随着分子量分布加宽，其熔体的流动开始出现假塑性的剪切速率降低。

分子量分布对高聚物熔体黏度和流动行为的影响对于高分子加工具有重要的意义。纺丝、塑料的注射和挤出加工中剪切速率都比较高，分子量分布的宽窄对熔体黏度的剪切速率依赖性影响很大。在高剪切速率下，宽分布试样的黏度要比窄分布试样低，流动性好。

对于橡胶MWD宜宽些，高分子量部分维持强度，低分子量部分作为增塑剂，易于成型。对于塑料和纤维MWD不宜太宽，因为塑料的平均分子量不大，MWD窄反而有利于加工条件控制。例如PC，如果MWD宽，则低分子量部分会使应力开裂严重。如果聚合后处理，用丙酮把低分子量部分和单体杂质抽提出来，会减轻制品应力开裂。目前防止塑料制品应力开裂的一个重要途径就是减少低分子量级分，提高分子量。

5.4.6.3 支化的影响

短支化时，影响不大，相当于自由体积增大，流动空间增大，从而黏度比同分子量的线形高聚物略小；长支化时，相当长链分子增多，易缠结，从而黏度增加。

我们知道，低密度聚乙烯是由自由基聚合得到的，支链结构复杂，而且有很多长支链，其熔体流动性不好，加工性能差，而线型低密度聚乙烯是由乙烯与少量1-丁烯、1-己烯等进行配位共聚反应得到的，结构规整，支链是2～4碳原子数的短支链，其熔体黏度较小，因此当将其与LDPE共混时，既可以改善其加工性能又可以提高强度。

5.4.6.4 其他结构因素

一般来说，凡是能使玻璃化转变温度升高的因素，往往也会使黏度升高。对于分子量相近的高聚物，柔性链的比刚性链的黏度要低。

分子的极性、氢键和离子键都会使得黏度升高。聚氯乙烯、聚丙烯腈都含有极性基团，其黏度都非常高，所以聚氯乙烯加工时一方面加入增塑剂降低玻璃化温度和黏度；另一方面加入热稳定剂，提高其分解温度；而聚丙烯腈纺丝必须用溶液纺丝，不能采用熔融纺丝。氢键的产生使得尼龙、聚乙烯醇、聚丙烯酸等高聚物的黏度增加，而离子键的存在相对于交联，可以使黏度大幅度提高。

在160～200℃加工时，乳液法生产的聚氯乙烯的黏度比同分子量的悬浮法聚氯乙烯小得多。这是因为在该温度范围内，乳液法聚氯乙烯的乳胶粒尚未完全消失，作为刚性的流动单元，相互间作用力小，因而黏度很小，而高于200℃后，两者的黏度就没有差别了，这是因为乳胶粒已经完全熔融。

另外，等规立构的PP在208℃以下时，当剪切速率增加到一定数值后，黏度会突然升高一个数量级，甚至完全失去流动性，这是由于等规PP具有螺旋分子构象，分子链在剪切力作用下，充分伸展而形成结晶的缘故，降低剪切速率并不能使之恢复流动性，必须加热到208℃以上，方可恢复流动性。图5-13所示为聚丙烯等结晶的螺旋构象。

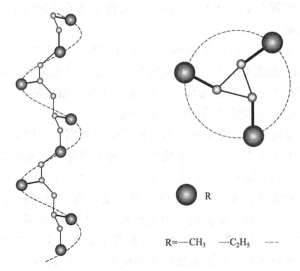

图5-13　聚丙烯等结晶的螺旋构象

5.4.7　高聚物熔体的弹性效应

不同于小分子熔体，聚合物的熔体具有一定的弹性，在剪切应力的作用下，不但表现出如小分子熔体那样的黏性流动，产生不可逆的形变，而且表现出如固体那样的弹性行为，产生可回复的形变。弹性形变的发展和回复都是松弛过程。在聚合物成型加工过程中，这种弹性形变及其随后的松弛与制品的外观、尺寸稳定性、内应力等有着密切的关系。

5.4.7.1　韦森堡效应

当高聚物熔体或浓溶液在各种旋转黏度计中或在容器中进行搅拌时，受到旋转剪切作用，流体会沿筒壁或轴上升，发生包轴或爬竿现象。

包轴现象又称为法向应力效应。分子的取向程度是随着离转轴的距离的加大而减弱的，拉伸取向后的高分子随着轴的快速连续转动难以变形，只能与临近的分子黏附在一起共同取向旋转。分子越转越多，产生了一种向心力，导致了该现象的形成。

高分子的这种现象在聚合物的合成过程中对产品会产生一定的影响，合成高分子的反应釜要求内壁一定要光滑，而且内部结构越简单越好，否则聚合物会由于爬竿现象而附着于内壁和内部各个附件上，造成后处理的困难，尤其是对乳液聚合，会形成大量凝胶，使产品收率降低。

韦森堡效应示意图见图 5-14。

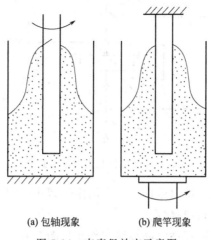

(a) 包轴现象   (b) 爬竿现象

图 5-14　韦森堡效应示意图

5.4.7.2　挤出物胀大

当高聚物熔体从小孔、毛细管或狭缝中挤出时，挤出物的直径或厚度会明显大于模口的尺寸，也称巴拉斯效应，又称为弹性记忆效应。

这是熔体弹性的一种表现。一方面当熔体进入模孔时，在流动方向上产生纵向速度梯度，即流动含有拉伸流动成分，熔体沿流动方向受到拉伸而取向，在模口停留时间短，来不及回缩，离开后继续回缩，此外还有剪切应力和法向应力影响，都要回缩。挤出胀大现象可以用胀大比 B 表示，其定义为挤出物最大直径 d 与模孔直径 d_0 的比值：

$$B=d/d_0 \tag{5-19}$$

温度升高，加快了松弛，B 下降；剪切速率提高，B 增加，原因是增大了弹性形变；模口长径比增加，B 下降，原因是松弛时间延长；分子量增大，B 增大，原因是加大了熔体的弹性效应。另外，聚合物分子量增大，分布变宽，由于松弛时间会加大，B 也会加大。此外，支化严重影响挤出物 B，长支链支化，B 大大增加，因此 LDPE 比 HDPE 和 LLDPE 的 B 值大得多。

在加工中，必须注意这种现象，其对纺丝、控制板材直径和板材厚度、吹塑制品的内部直径等均具有很大的影响。为了确保制品尺寸的精确和稳定，在模具设计时，必须考虑模孔尺寸与胀大比之间的关系，对于圆形制品，模孔直径应该比制品直径适当小一些。而如果模口为矩形，可能会由于挤出物胀大，得到接近圆形的制品，要得到矩形产品，模口必须设计为哑铃形。

挤出物胀大现象示意图见图 5-15。

5.4.7.3　流动的不稳定性和熔体破裂现象

当剪切速率不大时，高聚物熔体挤出物的表面光洁。当剪切速率超过某一临界值时，随着剪切速率的进一步增大，挤出物的外观依次出现表面粗糙（鲨鱼皮状、橘子皮状）、尺寸周期性起伏（波纹、竹节、螺旋）直至破裂成碎块等种种畸变现象。设计模口时，要

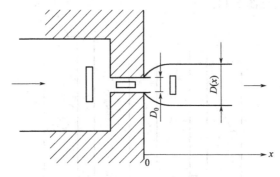

图 5-15 挤出物胀大现象示意图

注意缓慢改变通道的截面积，使通道形成一个斜面，减小中间与两边的流速差，并适当加长通道长度，使断裂部分在其内愈合。

理论解释尚无定论。不稳定性流动熔体的外观见图 5-16。

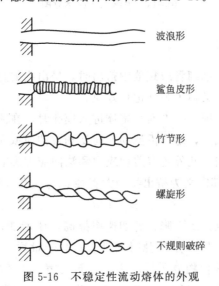

图 5-16 不稳定性流动熔体的外观

专题讲座之六 **玻璃化转变现象和意义**

玻璃化转变是高分子材料的普遍现象，但不是特有现象。实际上如果实验条件允许，几乎所有的分子，无论小分子还是高分子，都可以出现玻璃化转变现象，形成玻璃态。例如我们最常见的水，有液态、固态（冰）、气态（水蒸气）。如果把液态水以极速的方式降温，那么水在165K 就会发生玻璃化转变现象，称为玻璃态水。玻璃态的水和冰不一样，它无固定的形状，不存在晶体结构。与固态相比，它更像一种极端黏滞、呈现固态的液体。水的玻璃态密度与液态密度相同。

太空中的水蒸气在星际尘埃等物体的冰冷表面上形成玻璃态水，而科学家们则用高速冷却的方法使液态水转变成玻璃态。水的玻璃态研究，不仅对提示人体在低温下如何成活具有启示意义，而且对地球上的制药工业和其他行星上的生命理论等均有帮助。

例如，人体冷冻保存的关键问题之一是避免水结成冰。由于冰的密度比水小10％，生命体的水一旦结成冰，则生命体各部分体积都会膨胀10％，导致生命体死亡。若使水成为玻璃态就可以避免这一问题的出现。

火山喷发时，极高温度的熔岩喷射到空中，遇到冷空气，这种降温速度可以达到每秒几千开尔文，熔岩就会形成玻璃态的熔岩，虽然也呈现固态，但是并非常见的结晶态。

我们常见的金属一般也是晶态，同样把熔融状态的金属高速甩出去，快速冷却就可以得到金属玻璃。金属玻璃又称非晶态合金，它既有金属和玻璃的优点，又克服了它们各自的弊病。如玻璃易碎，没有延展性，金属玻璃的强度高于钢，硬度超过高硬工具钢，且具有一定的韧性和刚性，所以，人们赞扬金属玻璃为"敲不碎、砸不烂"的"玻璃之王"。

可见，玻璃态是几乎所有的分子都可以实现的状态，因此被称为物质的"第四态"。只不过相对于其他的小分子物质，我们的高分子材料在常温或者普通的降温速度下就非常容易实现玻璃化转变现象，它们的玻璃化转变温度也在我们可以观察到的常温范围内。几乎所有的高分子材料，即使是最容易结晶的聚乙烯，也有玻璃态存在，更别说其他的高分子材料了。因此我们说玻璃态是高聚物的普遍现象，但不是特有现象。

思考题与习题

1. 高聚物分子热运动的特点有哪些？

2. 塑料雨衣或者拖鞋，在夏天的时候非常柔软，但是在冬天的时候却非常硬，容易碎裂，这是为什么？

3. 在有机玻璃的温度形变曲线上，其高弹区的范围为什么比聚苯乙烯大得多？

4. 家庭装修用的乳胶漆一般为苯丙乳液或者纯丙乳液，前者是苯乙烯和丙烯酸丁酯的共聚物，后者是甲基丙烯酸甲酯与丙烯酸丁酯的共聚物。之所以它们被用作家庭装饰涂料的主要成分，是因为它们具有高光泽，透明性好，这是为什么？

苯乙烯和甲基丙烯酸甲酯被称为硬单体，丙烯酸丁酯则被称为软单体，这又是为什么？

通过控制软硬单体的比例，就可以得到具有不同玻璃化转变温度的聚合物乳液，这又是为什么？

现在要设计一种玻璃化温度为−5℃的苯丙乳液，计算苯乙烯和丙烯酸丁酯的比例应该控制在多少？

5. 为什么丙纶纤维和涤纶纤维用熔融纺丝，而腈纶纤维则采用溶液纺丝技术成型？

6. 交联高聚物的温度-形变曲线是怎样的？交联度对其有何影响？

7. 为什么聚合物的黏流活化能与分子量无关？

8. 为什么一般的教科书上都列出了各个常见聚合物的玻璃化转变温度，而没有列出其黏流温度？

9. PMMA 的玻璃化转变温度为 105℃，预计它在 150℃时的应力松弛速度比在 130℃时高多少？

10. 某聚合物试样在 0℃时的黏度为 1.2×10^4 P（1P＝0.1Pa·s），如果其黏度温度关系服从 WLF 方程，而其玻璃化转变时的黏度为 1.2×10^{14} P（1P＝0.1Pa·s），其在 30℃时的黏度是多少？

11. 某聚苯乙烯试样在 160℃时的黏度为 8×10^{13} P（1P＝0.1Pa·s），预计它在玻璃化温度 100℃和 120℃时的黏度分别为多少？

第6章

高聚物的力学性质

高聚物材料具有所有已知材料中可变性范围最宽的力学性能。包括从液体、软橡皮到刚性固体。各种高聚物对于机械应力的反应相差很大。这种力学性质的多样性，为不同的应用提供了广阔的选择余地。然而与金属材料和无机非金属材料相比，高聚物的力学性质对温度和时间的依赖性要强烈得多，表现为高聚物的黏弹性行为，即同时具有液体的黏性和固体的弹性。

高聚物的力学性质之所以具有这些特点，是由于高分子由长链分子组成，分子运动具有明显的松弛特性。而各种高聚物力学性质的差异，直接取决于其自身的各种结构因素，除了化学组成外，这些结构因素还包括分子量及其分布、支化和交联、结晶度和结晶的形态、共聚方式、分子取向、增塑以及填料等。

6.1　玻璃态和结晶态高聚物的力学性质

6.1.1　描述力学性质的基本物理量

6.1.1.1　应力和应变

当材料受到外力作用，而其所处的条件使其不能产生惯性移动时，其几何形状和尺寸将发生变化，这种变化称为应变（strain）。

材料发生宏观形变时，其内部分子间以及分子内各原子间的相对位置和距离就要发生变化，产生了原子间及分子间的附加内力，抵抗着外力，并力图恢复到变化前的状态，达到平衡时，附加内力与外力大小相等，方向相反。定义单位面积上的附加内力为应力（stress）。

材料受力方式不同，发生变形的方式也不同。对于各向同性的材料来说，有以下三种基本的类型。

① 简单拉伸：外力垂直于材料截面，大小相等，方向相反，且处于同一直线上。此时材料受力而伸长（见图 6-1）。

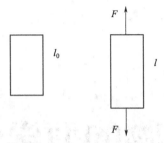

图 6-1 简单拉伸示意图

② 简单剪切：外力平行于材料截面，大小相等，方向相反。在这种剪切力的作用下，材料将发生偏斜，偏斜角的正切定义为切应变（见图 6-2）。

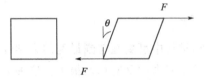

图 6-2 简单剪切示意图

③ 均匀压缩：材料受到周围压力的作用发生体积收缩（见图 6-3）。

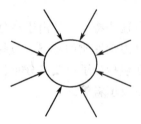

图 6-3 均匀压缩示意图

6.1.1.2 弹性模量

对于理想的弹性固体，应力与应变关系服从胡克定律，即应力与应变成正比，比例常数称为弹性模量。即弹性模量是材料发生单位应变时的应力，它表征材料抵抗变形能力的大小。模量越大，材料越不容易变形，表示材料刚度越大

$$弹性模量＝应力/应变$$

图 6-4 和图 6-5 分别为拉伸试验和弯曲试验示意图。

三种基本变形的弹性模量分别称为杨氏模量、剪切模量和体积模量，分别计为 E、G、B。

$$E = \frac{\sigma}{\varepsilon} = \frac{\dfrac{F}{A_0}}{\dfrac{\Delta l}{l_0}} \tag{6-1}$$

$$G = \frac{\sigma_s}{\gamma} = \frac{F}{A_0 \tan\theta} \tag{6-2}$$

$$B = \frac{P}{\dfrac{\Delta V}{V_0}} = \frac{P V_0}{\Delta V} \tag{6-3}$$

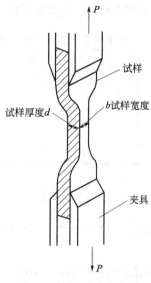

图 6-4　拉伸试验示意图

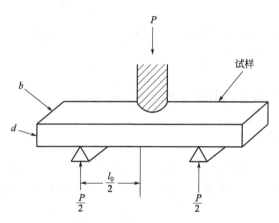

图 6-5　弯曲试验示意图

对于各向同性材料来说，三者之间存在如下关系：

$$E = 2G(1+\nu) = 3B(1-2\nu) \tag{6-4}$$

式中，ν 为泊松比，定义为在拉伸实验中，材料横向单位宽度的减小与纵向单位长度的增加之比值。对于大多数材料来说，拉伸时有体积变化，一般会发生体积膨胀，泊松比在 $0.2 \sim 0.5$ 之间。橡胶和小分子的泊松比接近于 0.5，接近于理想不可压缩体。一些材料的泊松比列于表 6-1 中。几种高聚物的弹性模量和泊松比列于表 6-2 中。

表 6-1　一些材料的泊松比

材料名称	泊松比	材料名称	泊松比
锌	0.21	玻璃	0.25
钢	$0.25 \sim 0.33$	石料	$0.16 \sim 0.34$
铜	$0.31 \sim 0.34$	聚苯乙烯	0.33
铝	$0.32 \sim 0.36$	低密度聚乙烯	0.38
铅	0.45	赛璐珞	0.39
汞	0.50	橡胶类	$0.49 \sim 0.50$

对于各向异性材料来说，情况要复杂得多，通常至少有 5～6 个弹性模量，有的多达 36 项。

表 6-2　几种高聚物的弹性模量和泊松比

高聚物	$E \times 10^{-9}/Pa$	$G \times 10^{-9}/Pa$	$B \times 10^{-9}/Pa$	ν
聚乙烯(高结晶)	5.05	2.0	5.13	
聚乙烯(低结晶)	1.0	0.35	3.3	0.45
聚苯乙烯	3.2	1.2	3.0	0.33
聚甲基丙烯酸甲酯	4.15	1.55	4.1	0.33
尼龙-66	1.0	0.855	3.3	0.33

6.1.1.3　机械强度

材料受力超过其所能承受的能力，材料就要发生破坏。机械强度是材料抵抗外力破坏的能力。

对于各种不同的破坏力，有不同的强度指标。采用不同的仪器设备和测试方法，可以得到不同的强度。为了规范化，国际标准化组织（ISO）制定了各种国际标准，各国据此制定了国家标准。

以上表征材料力学性质的物理量即应力和应变、弹性模量和机械强度适用于所有各种材料，不仅仅是适用于高分子材料。

6.1.2　描述材料力学性能的指标

6.1.2.1　拉伸强度

在规定的试验温度、湿度和试验速度下，在标准试样上沿轴向施加拉伸载荷，直到试样被拉断为止，断裂前试样承受的最大载荷 P 与试样宽度 b 和厚度 d 的乘积的比值即为拉伸强度。

$$\sigma_t = P/bd \tag{6-5}$$

工程上一般采用起始尺寸来计算拉伸强度。拉伸模量（杨氏模量）通常由拉伸初始阶段的应力应变计算：

$$E = (\Delta P/bd)/(\Delta l/l_0) \tag{6-6}$$

式中，ΔP 为变形较小时的载荷。

类似，如果向试样施加单向压缩载荷，则测得压缩强度和压缩模量。理论上二者应相等，实际上压缩模量通常稍大于拉伸模量。

6.1.2.2　弯曲强度

也称挠曲强度，是在规定的试验条件下，对标准试样施加静弯曲力矩，直到试样被折断为止，试验过程中最大载荷为 P，按下式计算弯曲强度：

$$\sigma_f = 1.5 \frac{P l_0}{bd^2} \tag{6-7}$$

弯曲模量为：

$$E_f = \frac{\Delta P l_0{}^3}{4bd^3\delta} \tag{6-8}$$

式中，δ 为挠度，是试样着力处的位移。

弯曲试验也可以让试样一端固定，在另一端施加载荷，或者采用圆形截面的试样，这时材料的杨氏模量见表 6-3。

表 6-3　各种试样弯曲变形时的杨氏模量

试样的截面形状和原来尺寸		变形方式	杨氏模量
矩形	长度 l_0 宽度 b		$E = \dfrac{\Delta P l_0{}^3}{4bd^3\delta}$
	长度 d		$E = \dfrac{4\Delta P l_0{}^3}{bd^3\delta}$
圆形	长度 l_0		$E = \dfrac{\Delta P l_0{}^3}{12\pi \gamma^4 \delta}$
	半径 r		$E = \dfrac{4\Delta P l_0{}^3}{3\pi \gamma^4 \delta}$

常见塑料的拉伸和弯曲性能见表 6-4。

表 6-4　常见塑料的拉伸和弯曲性能

塑料名称	拉伸强度 /MPa	断裂伸长率 /%	拉伸模量×10^{-3} /MPa	弯曲强度 /MPa	弯曲模量×10^{-3} /MPa
高密度聚乙烯	21.6~38.2	60~150	0.82~0.93	24.5~39.2	1.1~1.4
聚苯乙烯	34.5~62	1.2~2.5	2.7~3.4	60~96.4	2.9
ABS	16.6~62	10~140	0.7~2.8	24.8~93	
聚甲基丙烯酸甲酯	48.2~75.8	2~10	3.1	89.6~117	1.2~1.6
聚丙烯	33~41.4	200~700	1.2~1.4	41.4~55.1	
聚氯乙烯	34.5~62	20~40	2.5~4.2	71.5~110.3	2.8~2.9
尼龙-66	81.3	60	3.1~3.2	98~107.8	2.4~2.6
尼龙-6	72.5~76.4	150	2.6	98	1.3
尼龙-1010	51~54	100~250	1.6	87.2	2.6
聚甲醛	60.8~66.6	60~75	2.7	89.2~90.2	2.0~2.9
聚碳酸酯	65.7	60~100	2.2~2.4	96~103.9	2.7
聚砜	70.6~83.3	20~100	2.5~2.7	105.8~124.5	3.1

塑料名称	拉伸强度 /MPa	断裂伸长率 /%	拉伸模量×10⁻³ /MPa	弯曲强度 /MPa	弯曲模量×10⁻³ /MPa
聚酰亚胺	92.6	6~8		＞98	2.0~2.1
聚苯醚	84.8~87.7	30~80	2.6~2.8	96~134.3	0.9
氯化聚醚	41.5	60~160	1.1	68.6~75.5	
线形聚酯	78.4	200	2.8	114.7	
聚四氟乙烯	13.7~24.5	250~350	0.4	10.8~13.7	

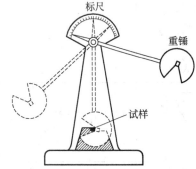

图 6-6 Charpy 冲击试验示意图

6.1.2.3 冲击强度

冲击强度是衡量材料韧性的一种强度指标，表征材料抵抗冲击载荷破坏的能力。通常定义为试样受冲击载荷而折断时单位截面积所吸收的能量。

$$\sigma_i = W/bd \tag{6-9}$$

式中，W 为冲断试样所消耗的功。冲击强度的测试方法很多，应用较广的有摆锤式冲击试验、落重式冲击试验和高速拉伸等。

摆锤式冲击试验是让重锤摆动冲击标准试样，测量摆锤冲断试样所消耗的功，试样的安放方式有简支梁式和悬臂梁式，前者（Charpy 试验）试样两端支撑着，摆锤冲击试样的中部；后者（Izod 试验）试样一端固定，摆锤冲击自由端。试样可用带缺口的和不带缺口的两种（见图 6-6）。

一些塑料的缺口 Izod 冲击强度见表 6-5。

表 6-5 一些塑料的缺口 Izod 冲击强度（24℃）

塑料名称	冲击强度/(J/m)	塑料名称	冲击强度/(J/m)
聚苯乙烯	13.4~21.4	聚碳酸酯	640.8~961.2
高抗冲聚苯乙烯	26.7~427	聚乙烯基甲醛	53.3~1066.8
ABS	53.4~534	酚醛塑料(通用)	13.4~18.74
硬聚氯乙烯	21.4~160.2	酚醛塑料(布填料)	53.3~160.2
聚氯乙烯共混物	160.0~1066.8	酚醛塑料(玻纤填料)	533.4~1600.2
聚甲基丙烯酸甲酯	21.4~26.7	聚四氟乙烯	106.8~213.6
醋酸纤维素	53.4~299	尼龙-612	53.4~213.4
硝酸纤维素	53.3~298.7	尼龙-11	96.0
乙基纤维素	186.7~320.1	聚苯醚	266.7
尼龙-66	53.4~160.2	聚苯醚(25%玻纤)	74.7~80.0
尼龙-6	53.4~160.2	聚砜	69.4~267
聚甲醛	106.8~160.2	聚酯(玻纤填料)	106.8~1068
低密度聚乙烯	＞854.4	环氧树脂	10.7~267
高密度聚乙烯	26.7~106.8	环氧树脂(玻纤填料)	533.4~1600.2
聚丙烯	26.7~106.8	聚酰亚胺	48.1

落重式冲击试验是让球状或镖状标准重物从已知高度落到板状或片状试样上，试验下落重物的冲击刚刚足以使试样产生裂痕或破坏，从重物的重量和下落高度计算试样破坏所需要的能量。

在拉伸试验中，当拉伸速度足够大时，拉断试样所做的功与试样受冲击破坏所吸收的能量相同，这就是高速拉伸试验的理论依据。通常测量整个拉伸过程应力和应变的关系，得到应力-应变曲线，用曲线下的面积作为材料冲击强度的一种指标。

各种冲击试验所得结果很不一致，试样的几何形状和尺寸对其影响很大，薄的试样一般比厚的试样给出更高的冲击强度。冲击强度的单位也很混乱。

6.1.2.4 硬度

是衡量材料表面抵抗机械压力的能力的一种指标。硬度的大小与材料的抗张强度和弹性模量有关，而硬度试验又不破坏材料、方法简便，有时作为估计材料抗张强度的一种替代方法。硬度试验方法很多，加荷方式有动载法和静载法两种，前者用弹性回跳法和冲击力把钢球压入试样，后者则以一定形状的硬材料为压头，平稳地逐渐加荷将压头压入试样，统称压入法，因压头的形状不同和计算方法差异又有布氏、洛氏和邵氏等名称。

6.1.3 高聚物的拉伸行为

6.1.3.1 非晶态高聚物的拉伸

非晶态聚合物在不同温度下的拉伸行为见图 6-7。

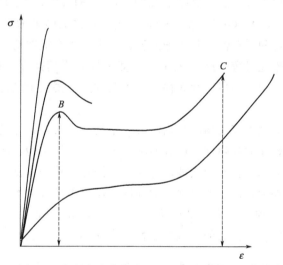

图 6-7 非晶态聚合物在不同温度下的拉伸行为

当温度很低（$T \ll T_g$）时，应力随应变成正比增加，最后应变不到 10% 就发生断裂；当温度稍高，但仍在 T_g 以下时，应力-应变曲线上出现了一个转折点 B，称为屈服点，应力在 B 点达到极大，称为屈服应力。过了 B 点应力反而下降，试样应变增大，继续拉伸，试样便发生断裂，总的应变也没超过 20%；如果温度再升高到 T_g 以下几十度的范围内，拉伸时，在屈服点之后，试样在不增加外力或外力增加不大的情况下能发生很大的应变，在后一阶段，曲线又有明显的上升，直到最后断裂。断裂点 C 的应力称为断裂应力，对应的应变称为断裂伸长率。温度升到 T_g 以上，进入高弹态，在不大的应力下，便可以发生高弹形变，曲线不再出现屈服点，而出现一段较长的平台，即在不明显增加应力时，应变有很大的发展，直到断裂前，曲线才出现急剧上升。

玻璃态高聚物在拉伸时，曲线的起始阶段是一段直线，应力与应变成正比，试样表现出胡克弹性体的行为，在这段范围内停止拉伸，试样将立刻恢复原状。从这段曲线可以计算材料的杨氏模量。其对应的应变只有百分之几，从微观的角度看，这种高模量、小形变的弹性行为是由高分子的键长、键角变化引起的。在材料发生屈服之前发生的断裂，称为脆性断裂；而材料在发生屈服之后发生的断裂称为韧性断裂。

6.1.3.2 玻璃态高聚物的强迫高弹形变

玻璃态高聚物在大的外力作用下发生的大形变，本质与橡胶的高弹形变一样，只不过表现形式有差别，为了与普通的高弹形变相区别，通常称为强迫高弹形变。

要实现强迫高弹形变的必要条件是断裂应力大于屈服应力。如果温度低于某一极限值，聚合物的断裂应力必定会低于屈服应力，聚合物不可能发生强迫高弹形变，只能够脆性断裂。这个特征温度称为脆化温度 T_b。而聚合物在温度高于 T_g 时就会发生真正的高弹形变，因此聚合物发生强迫高弹形变的温度区间是 T_b 和 T_g 之间。这也是非晶态高聚物使用的温度区间，也正是塑料具有韧性的原因，因此 T_b 是塑料使用的最低温度。T_b 以下，塑料像玻璃一样一敲就碎，没有使用价值。

从实际应用方面考虑，塑料的 T_b 越低，其韧性越好，耐冲击的强度越高，从两个典型聚合物就能很好地说明这一点，聚碳酸酯的 T_b 是 $-100℃$，T_g 是 $150℃$；而有机玻璃的这两个温度分别为 $9℃$ 和 $100℃$，相比于有机玻璃，聚碳酸酯的可使用温度区间大大提高，具有良好的耐寒性和耐温性，其冲击强度也远远高于有机玻璃。

强迫高弹形变是松弛过程，外力大小、温度及外力作用速度等外部因素对它均有影响，外力作用速度要适中。作用速度太快，来不及发生，要发生脆性断裂，太慢，要发生一部分黏性形变。

但强迫高弹性主要是由高聚物的结构因素决定的，其必要条件是高聚物具有可运动的链段，但它又不同于普通的高弹性。后者要求分子具有柔性结构，而前者要求分子链不能太柔顺，因为柔性很大的链在冷却成玻璃态时，分子之间堆砌紧密，链段运动困难，要使链段运动需要很大的外力，甚至超过材料的强度，所以柔性很大的高聚物在玻璃态是脆性的，T_b 和 T_g 很接近。刚性过大的高聚物，虽然链堆砌较松散，但链段不能运动，也不出现强迫高弹性，材料仍是脆性的，只有刚性适中才会出现强迫高弹性。

6.1.3.3 结晶高聚物的拉伸行为

结晶高聚物的应力-应变曲线见图 6-8。

典型结晶高聚物的拉伸曲线比玻璃态高聚物的拉伸曲线具有更明显的转折，整个曲线可分为三段。第一段，应力随应变线性增加，试样被均匀拉长，伸长率可达百分之几到百分之十几，到屈服点后，试样的截面突然变得不均匀，出现一个或几个"细颈"，开始进入第二阶段，细颈与非细颈部分的截面积分别维持不变，细颈部分不断扩展，非细颈部分

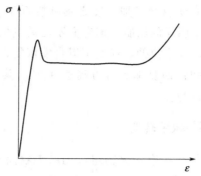

图 6-8　结晶高聚物的应力-应变曲线

逐渐缩短,直到试样完全被拉细为止,此时应力几乎不变,应变不断增加。其总的应变随高聚物的种类而不同,低密度聚乙烯、聚酯、尼龙等可以达到 500%,高密度聚乙烯则可以达到 1000%。第三阶段是成颈后的试样又被均匀拉伸,直到断裂。

结晶与玻璃态高聚物拉伸行为有许多相似之处,都经历弹性形变、屈服(成颈)、发展大形变以及应变硬化等阶段。拉伸的后阶段都呈现强烈的各向异性,断裂前的大形变在室温下都无法恢复,加热后都能恢复原状,本质上都是高弹形变,通常把它们通称为冷拉。它们的拉伸行为也有不同之处,首先冷拉温度范围不同,玻璃态高聚物冷拉温度范围在 T_b 与 T_g 之间,而结晶高聚物的冷拉范围在 T_g 与 T_m 之间。结晶高聚物在拉伸过程中伴有比玻璃态高聚物复杂得多的分子聚集态的变化,后者只发生分子链的取向,不发生相变,而前者还包含有结晶的破坏、取向和再结晶等过程。冷拉时发生的大形变分别在加热到玻璃化温度和熔点附近时才会恢复。

6.1.3.4　硬弹性材料的拉伸

聚丙烯和聚甲醛等易结晶的高聚物熔体,在较高的拉伸应力场中结晶时,可以得到具有很高弹性的纤维或薄膜材料,其弹性模量比一般橡胶高得多,因此称为硬弹性材料。这类材料在拉伸时表现出特有的应力应变行为。

硬弹性材料的拉伸曲线见图 6-9。

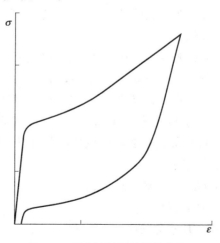

图 6-9　硬弹性材料的拉伸曲线

拉伸初始阶段，应力随应变急剧增加，使之具有接近于一般结晶高聚物的高起始模量，到形变百分之几时发生不明显的屈服，但它们不出现成颈现象，继续拉伸，应力会缓慢增长，而且到达一定形变，停止拉伸，形变可以自发恢复，虽然在拉伸曲线与恢复曲线之间形成较大的滞后圈，但弹性回复率有时可高达98％。某些非晶高聚物如HIPS在出现大量银纹时也出现硬弹性行为。

6.1.3.5 应变诱发塑料-橡胶转变

是指某些嵌段共聚物及其与相应均聚物组成的共混物所表现出来的特有的应变软化现象。

以SBS为例，当其中的橡胶相和塑料相的组成比例接近于1∶1时，材料室温下像塑料，其拉伸行为与一般的塑料的冷拉行为类似，但它的大形变在移去外力后能够立即基本回复，而不像一般塑料高弹性需要加热到T_g或T_m附近才能回复。如果再进行第二次拉伸，则拉伸行为类似于一般橡胶的拉伸行为，发生大形变所需要的外力比第一次小得多，试样也不再发生屈服和成颈现象，材料呈现普通高弹性。

嵌段共聚物的拉伸行为见图6-10。

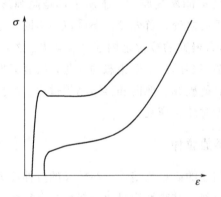

图 6-10　SBS嵌段共聚物的拉伸行为

在第一次拉伸超过屈服点后，试样从塑料转变为橡胶，这种现象称为应变诱发塑料-橡胶转变。更奇特的是经拉伸变为橡胶的试样在室温放置较长时间后又能回复到原来的塑料性质。温度越高，回复得越快。

在拉伸前试样的塑料相和橡胶相都呈连续相，呈现塑料性能，拉伸使塑料相被撕碎，大形变时成为分散在橡胶连续相中的微区，橡胶相成为唯一的连续相而呈现高弹性，形变能够立即回复，塑料分散相起物理交联点的作用，阻止永久变形的发生。

聚合物的拉伸曲线，即应力-应变曲线（见图6-11）是判断高聚物软硬、强弱和脆韧的有力工具，由玻璃态和结晶态高聚物的应力-应变曲线可以得到以下信息。

① 聚合物的屈服强度：Y点强度。
② 聚合物的杨氏模量：OA段斜率，σ_A/ε_A。
③ 聚合物的断裂强度：B点强度。
④ 聚合物的断裂伸长率：B点伸长率。
⑤ 聚合物的断裂韧性：整个曲线下的积分面积。

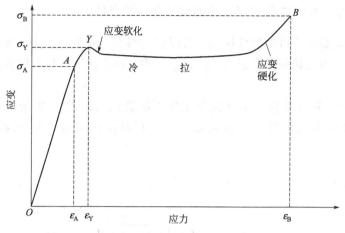

图 6-11　玻璃态和结晶态高聚物的应力-应变曲线

6.1.3.6　不同高聚物的拉伸曲线

图 6-12 上的四条曲线是同一高聚物在不同温度下的拉伸行为，实际上，从另一方面也可以将这四条曲线看做是在某一固定温度下（如室温），四种不同高聚物的拉伸行为。从拉伸曲线上得到的信息可以分别由杨氏模量的大小判断高聚物的软硬；由拉伸断裂点聚合物的强度大小判断其强弱；由断裂功即整个拉伸曲线下的积分面积判断其脆韧，这样可以大致将高聚物分为五类。

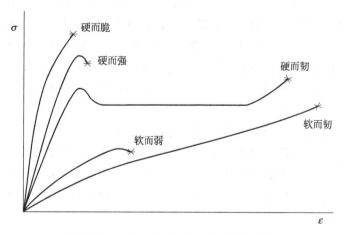

图 6-12　不同高聚物在室温下的拉伸曲线

① 软而弱，如橡皮泥等。

② 硬而脆，如低分子量的 PS、PMMA、酚醛树脂等。

③ 硬而强，伸长率只有 5％左右，出现在屈服点附近，如高分子量的 PS、硬 PVC 等。

④ 软而韧，模量低，一般不出现屈服，断裂伸长大，为 20％～1000％，断裂强度高，如软 PVC、硫化橡胶等。

⑤ 硬而韧，模量、屈服应力、断裂伸长都高，典型代表就是工程塑料。

我们不能简单地给这五类高分子定性为好坏，它们分别有不同的用途。

6.1.3.7 同一高聚物在不同拉伸速度下的拉伸曲线

对于同一种高聚物，拉伸速度提高，链段运动跟不上外力的作用，为使材料屈服，必须提高外力，即材料的屈服强度提高了；进一步提高拉伸速度，材料终将在更高的应力下发生脆性断裂。

图 6-13 是同一种高聚物在不同拉伸速度下所表现出来的应力-应变曲线，与图 6-7 不同温度下的拉伸曲线比较，可以明显看出，提高拉伸速度与降低温度的效果是一致的。

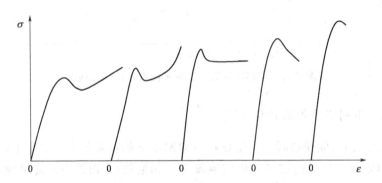

图 6-13 韧性聚苯乙烯不同拉伸速度的应力-应变曲线

高聚物的拉伸行为与人的运动有着惊人的相似之处，一般人跑步时，都在一定时间后出现极限现象，气喘吁吁，就像高聚物的屈服现象；熬过这一极限后，跑步就会变得轻松起来，这一时期可以很长，这就像聚合物屈服后的应力几乎不变，应变大幅度增加的冷拉现象；最终一直跑下去，人迟早会跑不动的，这就像拉伸的最后，高聚物发生了断裂一样。不同高聚物材料的拉伸就像是不同体质的人在跑步，体质很弱的人，到不了极限就跑不动了，相当于高聚物材料的脆性断裂，有的人出现极限后就坚持不住了，就像普通聚苯乙烯、有机玻璃的拉伸一样。

对于同一种材料在不同拉伸速度下的拉伸行为就好比一个人用不同的速度跑步一样，我们知道拉伸速度足够快时高聚物就会发生脆性断裂，就像一个跑万米的人，一开始就以百米速度奔跑，肯定坚持不到极限的出现就崩溃了。不同材料对抗这种拉伸速度的能力不一样，也恰如不同的人的耐力和速度不同一样，有的人跑万米的速度比别人跑百米的速度还快，则是同样的道理。

6.1.4 高聚物的破坏和理论强度

从分子结构的角度来看，高聚物之所以具有抵抗外力破坏的能力，主要靠分子内的化学键合力和分子间的范德华力和氢键。理论计算结果显示化学键断裂所需能量要高于高分子实际强度几十倍，分子间滑脱所需能量也要高于实际强度几倍，只有破坏范德华力或氢键所需能量与高聚物实际强度同数量级。

实际上，由于高分子链的长度有限，其取向情况并不好，即使高度取向的聚合物也总是存在未取向的部分。因此，正常断裂时，首先发生在未取向部分的氢键或范德华力的破坏，随后应力集中于取向的主链上，尽管共价键的强度比分子间作用力大 10～20 倍，但是由于直接承受外力的取向主链数目少，最终还是要被拉断。

高聚物理论强度与实际强度的巨大差距说明，提高聚合物实际强度的潜力是很大的，众所周知，如果材料的强度提高十倍，就可以把机械零件的重量降低为原来的（1/30）～（1/20），这对于尖端技术具有巨大意义，因此设法使材料尽可能接近其理论强度的探索是人们永远追求的目标。为此，首先要知道影响高聚物强度的因素。

6.1.5 影响高聚物实际强度的因素

影响高聚物实际强度的因素分为材料本身结构和外界条件两类。

6.1.5.1 高分子本身结构的影响

增加高分子的极性或产生氢键可使强度提高，极性基团或氢键的密度越大，强度越高。因此强度提高顺序为：PE、PVC、尼龙-610、尼龙-66。但如果极性基团过密或取代基过大，阻碍链段运动，则不能实现强迫高弹性，表现为脆性断裂，拉伸强度虽然大了，但材料冲击强度降低了。

主链含芳杂环的高聚物的强度都高于脂肪族主链的高聚物。引入芳杂环侧基时，强度也要提高。

分子链支化程度提高，使分子间距离加大，分子间作用力减小，拉伸强度降低，但冲击强度提高。

适度的交联可以提高强度。例如聚乙烯交联后，其拉伸强度提高一倍，而冲击强度提高 3～4 倍。但交联会造成结晶度降低，取向困难，因此交联并非总有利。

分子量提高，拉伸强度和冲击强度都会提高，但当分子量增加到一定数值后，拉伸强度变化不大，冲击强度继续提高。制备超高分子量 PE（UHMWPE）的目的就是为了提高冲击性能。

6.1.5.2 结晶和取向的影响

结晶度提高，对提高拉伸强度、弯曲强度和弹性模量有好处，然而结晶度过高，会导致冲击强度和断裂伸长率降低。

对高聚物冲击强度影响更大的是高聚物的球晶结构，球晶越大，冲击强度越低，因此结晶高聚物在成型过程中加入成核剂，使之生成微晶，以提高冲击强度。缓慢冷却或退火处理生成大球晶，会显著降低冲击强度。故选定原料后，成型加工的温度和后处理条件，对结晶高聚物的力学性能有很大影响。

取向可以使材料强度提高，在合成纤维、薄膜和板材上很有用处。原因是高分子链顺着外力方向排列，使断裂时破坏主价键的比例大大提高，而主价键的强度比范德华力高 20 倍左右；其次，取向可阻碍裂缝向纵深扩展。拉伸前后，橡皮的切口发展就是很好的例子。

6.1.5.3 应力集中物的影响

如果材料存在缺陷，受力时材料内部的应力平均分布状态将发生变化，使缺陷附近局部范围内的应力急剧增加，远远超过应力平均值，这种现象称为应力集中，缺陷就是应力集中物，包括裂缝、空隙、缺口、银纹和杂质等，它们会成为材料破坏的薄弱环节，严重降低材料的强度，是造成高聚物实际强度与理论强度之间巨大差别的主要原因之一。

各种缺陷在高聚物的成型加工过程中是普遍存在的。例如在加工中由于混炼不均、塑化不足造成的微小气泡和接痕，生产中混进的杂质，更难以避免的是在成型过程中，由于制件表里冷却速度不同，表面物料接触温度较低的模壁，迅速冷却固化成一层硬壳，而制件内部的物料，还处于熔融状态，随着其冷却收缩，使制件内部产生内应力，进而形成细小的银纹，甚至于裂缝，在制件表皮上将形成龟裂，这些都是造成高聚物机械强度降低的致命弱点。

制件尺寸减小，有利于减小表里的差别，降低缺陷出现的概率，根据这一原理，合成纤维生产中，先抽成很细的丝再纺成较粗的纱或线。

缺陷的形状不同，应力集中系数也不同，锐口的系数比钝口要大得多，很容易成为材料破坏的集中物，因此一般制品的设计总是尽量避免有尖锐的转角，而是将制品的转弯处做成圆弧状。

很多热塑性塑料，在储存或使用过程中，表面会出现裂纹（crevice），这些裂纹由于光的折射，看上去是发亮的，所以称为银纹（craze）。裂纹或银纹的出现会影响塑料的使用性能，在较大的外力作用下甚至会发展成裂缝（crack），最后导致材料破坏。

引起高聚物产生裂纹的基本原因有两种：一种是力学因素（拉伸应力的存在，纯压缩应力不会产生裂纹）；另一种是环境因素（同某些化学物质接触）。力学因素引起的裂纹一般出现于表面或接近于表面处，产生裂纹的部位叫裂纹体，它与真正的空隙构成的裂缝不同，其质量不为零，其中包含了取向的高聚物，裂纹的表面垂直于外力方向，高聚物取向的方向与外力方向一致。应力越大，裂纹产生和发展得越快，但产生裂纹有一个最低的临界应力和临界伸长率。

裂纹并不一定引起断裂和破坏，它还具有原始试样一半以上的拉伸强度，密度也下降，其中的聚合物折射指数比正常聚合物低，产生强烈的折射现象，如果裂纹体的厚度与光波长同数量级，会产生干涉。

银纹与裂纹只有程度上的不同，而裂缝则有本质区别，它们有可逆性，在压力下或在 T_g 以上退火处理能回缩和消失。

用橡胶增韧的塑料，如 HIPS、ABS 等在拉伸变形或弯曲变形时会发生发白现象，称为应力发白，这是因为材料受力后出现了裂纹体，发白的区域就是无数裂纹体的总和，由于树脂的密度与裂纹体的密度不同，折射率不同，发白。

环境因素引起的银纹通常是不规则排列的，分别取任意的方向，被称为环境应力银纹，包括溶剂银纹和非溶剂银纹、热应力银纹、氧化应力银纹等。

6.1.5.4 增塑剂的影响

增塑剂对高聚物有稀释作用，减小了高分子链之间的作用力，导致强度降低，强度的降低与增塑剂的加入量约成正比。水对许多高聚物来说是广义的增塑剂，例如酚醛树脂在水中浸泡后，强度明显降低，合成纤维的吸湿能力越大，其湿态强度与干态强度差别越大。另一方面，由于增塑剂使链段运动增强，导致材料冲击强度提高。

6.1.5.5 填料的影响

填料的影响比较复杂，有些稀释性填料（惰性填料）的加入虽然降低了成本，但强度也降低，有些填料的加入可显著提高强度，称为活性填料，但其对材料的增强效果与填料本身的强度及填料与高聚物之间的亲和力有关。

（1）粉状填料

木粉增强的酚醛树脂被称为电木，木粉的加入可以在不降低拉伸强度的前提下大幅度提高冲击强度，这是因为木粉吸收一部分冲击能量，起着阻尼作用。橡胶工业中大量采用炭黑、轻质二氧化硅、碳酸镁和氧化锌等增强。天然橡胶中添加20%的胶体炭黑后，其拉伸强度可以由16MPa提高到26MPa；丁苯橡胶的拉伸强度只有3.5MPa，几乎没有使用价值，但是添加炭黑后，可以将拉伸强度提高到22～25MPa，与天然橡胶相当，这也是我们常见的汽车轮胎一般都是黑色的原因。

在热塑性塑料中添加少量石墨、二硫化钼等粉末填料后，可以有效改善其摩擦、磨损性能，以制造各种耐磨、自润滑零件，如轴承、活塞等。

以少量热塑性塑料如PE、PP、EVA等，加入大量轻质硫酸钙等无机粉状填料，辅以发泡工艺，制造出钙塑材料。

近年来，以聚氯乙烯等廉价热塑性塑料与木粉混合后，再辅以发泡技术生产木塑材料，兼具塑料和木材的特点，广泛用于塑料型材的加工。

同一填料对不同状态下的高聚物具有不同的效果，例如不结晶的丁苯橡胶或拉伸下不易结晶的橡胶，加入炭黑补强的效果要比拉伸下易结晶的橡胶大得多。

为了提高补强效果，常用化学方法处理填料，来增加填料分子与高聚物之间的亲和力。例如为改善活性二氧化硅与橡胶的亲和性，可以用硫醇处理其表面，然后再用橡胶单体经自由基聚合，在二氧化硅表面上接上一段橡胶链。

（2）纤维状填料

最早的纤维状填料是各种天然纤维，后来发展起来的玻璃纤维现已普遍采用，近年来在尖端技术中应用的特种纤维材料如碳纤维、石墨纤维、硼纤维、陶瓷纤维和单晶纤维——晶须等，具有高模量、耐热、耐磨、耐腐蚀以及特殊的电性能而在宇航、导弹、电信和化工等领域得到特殊应用。

纤维填料在轮胎等橡胶制品中主要作为骨架，以承担应力和负荷，通常采用纤维的网状织物，俗称帘布。棉、人造丝、尼龙、钢丝等都可以作为纤维填料应用于橡胶制品。

在热固性塑料（酚醛树脂、环氧树脂、不饱和聚酯树脂、蜜胺树脂、呋喃树脂等）中，使用各种纤维织物与树脂做成层压材料，从根本上解决了其脆性的问题。其中以玻璃纤维布为填料的称为玻璃纤维层压塑料，强度可与钢材相媲美，国内称为玻璃钢。

以短玻璃纤维增强的热塑性塑料称为玻璃纤维增强材料，可提高材料拉伸、压缩、弯曲强度和硬度，但冲击强度可能降低，但缺口敏感性明显改善，热变形温度也显著提高。增强机理类似于混凝土中添加钢筋。增强效果与填料强度及其与高聚物的亲和力有关。

6.1.5.6 共聚和共混的影响

共聚和共混都是高聚物改性的好方法。例如PS是脆性的，如果引入丙烯腈进行共聚，所得共聚物的拉伸和冲击强度都提高了。还可以引入丁二烯进行接枝共聚，得到 HIPS 和 ABS 树脂，可大幅度提高冲击强度。ABS 树脂还可以用丁腈橡胶与 AS 树脂共混的方法制备。

这些树脂均具有两相结构，橡胶以微粒的形式分散于塑料连续相中，由于塑料连续相的存在，使材料的弹性模量和硬度不会有明显的下降，而分散的橡胶微粒则作为应力集中物，当材料受到冲击时，引发大量的裂纹，从而吸收大量的冲击能量。同时，由于大量裂纹之间应力场的相互干扰，又可阻止裂纹的进一步发展，因此大大提高了材料的韧性。

橡胶增韧塑料冲击强度提高的程度与许多因素有关，但两相相容性是最主要的因素，相容性太好，形成均相体系，便失去了塑料的模量、硬度和耐热性；相容性太差，则两相之间结合力太差，受冲击时界面易于分离，起不到增韧作用。例如 PS、AS 树脂与橡胶的相容性不太好，因此简单机械共混得到 ABS，冲击强度都不太高，为了改善相容性，采取接枝方法，在橡胶主链上引入 AS 共聚物的支链，冲击强度就大大提高了。

为了提高聚苯醚的冲击强度，也可以在 PPO 中混入橡胶，但其与橡胶的相容性太差，即使选用丁苯橡胶，仍不够理想。后来在丁苯橡胶上再接上 PS 支链，由于 PPO 与 PS 之间的相容性较好，获得了较好的增韧效果。

6.1.5.7　外力作用速度和温度的影响

由于高聚物是黏弹性材料，其破坏过程是松弛过程，因此外力作用速度与温度对高聚物强度有显著的影响，提高拉伸速度与降低温度的效果是一致的。

拉伸速度提高，链段运动跟不上外力的作用，为使材料屈服，必须提高外力，即材料的屈服强度提高了；进一步提高拉伸速度，材料终将在更高的应力下发生脆性断裂。

温度对冲击强度影响也很大，温度升高，高聚物冲击强度提高，到接近 T_g 时，冲击强度迅速提高，并且不同品种聚合物之间的差别缩小。低于 T_g 越远，品种差别越大，主要取决于 T_b 的高低。对于结晶高聚物，如果其 T_g 在室温以下，则有较高的冲击强度，因为非晶部分在室温下处于高弹态，起了增韧作用。如 PE、PP 等。热固性塑料的冲击强度受温度的影响很小。

6.2　高弹态高聚物的力学性质

高弹态是高聚物特有的一种基于链段运动的力学状态。橡胶是常温下处于高弹态的高聚物，又称为弹性体。是在施加外力时发生大的形变，外力除去后可以马上恢复的弹性材料。

6.2.1　橡胶使用的温度范围

橡胶材料的品种相对于塑料来说，并不多，不同的橡胶材料具有不同的高温耐老化性能以及玻璃化温度，这是橡胶耐热性和耐寒性的重要参数。

6.2.1.1 高温耐老化性能，即耐热性

实际应用的橡胶是经过硫化的，具有交联网状结构，除非分子链断裂或交联链破坏，否则是不会流动的，但橡胶的耐热性不好，在高温下很快发生臭氧龟裂、氧化裂解、交联或其他物理作用的破坏，很少能在120℃以上长期保持其力学性能。

影响橡胶耐热性的主要因素如下。

（1）主链结构

双烯烃聚合物橡胶，主链上含双键，双键易于被臭氧破坏裂解，双键旁的 α-次甲基上的氢容易被氧化，导致降解或交联，因此容易高温老化。主链不含双键的乙丙橡胶、丙烯腈-丙烯酸酯橡胶以及含双键较少的丁基橡胶则较耐高温老化，主链完全为非碳原子的硅橡胶，可以在200℃以上长期使用。

（2）取代基结构

主链结构相同，双键或单键数量接近，则取代基对橡胶耐高温氧化性的影响较大。带供电取代基的易于氧化，带吸电取代基的不易氧化。天然橡胶和丁苯橡胶的甲基和苯基均为供电基，耐热性差，而带氯的氯丁橡胶耐热性是双烯类橡胶中耐热性最好的。乙丙橡胶与同为饱和结构的全氟胶（偏二氟乙烯与六氟丙烯的共聚物）相比，后者耐热可达300℃。

（3）交联链结构

天然橡胶以硫黄交联，主要形成不同的硫桥，氯丁橡胶以 ZnO 硫化，交联链为—C—O—C—；天然橡胶用过氧化物或辐射交联可形成—C—C—。其键能更大，所以选择键能更大的交联结构，橡胶的耐热性更好。表 6-6 所列为橡胶中常见交联键键能。

表 6-6　橡胶中常见交联键键能

交联键	键能/(kJ/mol)
C—O	103.9
C—C	93.0
C—S	80.9
C—S—S—C	59.4
S—S—S—S	47.5

除了聚合物结构外，配合剂的用量和性质以及老化环境等因素对橡胶的耐热性都有影响，很复杂。在同样条件下老化，丁基橡胶等饱和橡胶主要发生断链裂解，老化后变软，双键比例较高的橡胶老化时以交联为主，老化变硬。聚氨酯橡胶主链为—NH—COO—，虽然耐高温氧化，但在潮湿条件下容易水解老化。

6.2.1.2 橡胶的耐寒性

T_g 是橡胶使用的最低温度，耐寒性不足的原因是由于在低温下橡胶会发生玻璃化转变或发生结晶，导致橡胶变硬、变脆和丧失弹性。

橡胶的使用温度范围见表 6-7。

表 6-7 橡胶的使用温度范围

橡胶名称	T_g/℃	使用温度范围/℃
异戊橡胶	−70	−50～120
顺丁橡胶	−105	−70～140
丁苯橡胶(75/25)	−60	−50～140
丁基橡胶	−70	−50～150
氯丁橡胶	−48	−35～180
丁腈橡胶(70/30)	−41	−35～175
乙丙橡胶(50/50)	−60	−40～150
硅橡胶	−120	−70～275
全氟橡胶	−55	−50～300

造成聚合物玻璃化的原因在于分子相互接近，分子之间相互作用力加强，以致链段运动被冻结。因此任何增加分子链的活动性，减弱分子间相互作用的措施，都会使 T_g 下降，结晶是高分子链或链段的规整排列，会大大增加分子间的相互作用力，使聚合物强度和硬度增加，弹性下降。任何降低聚合物结晶能力和结晶速度的措施，都会增加聚合物的弹性，提高耐寒性。

由于结晶，橡胶制品在远高于 T_g 时就不能使用，例如天然橡胶的 T_g 是 −73℃，但其在 −40～−10℃ 之间易于结晶，丧失弹性，不能使用，加入增塑剂，虽然可以降低 T_g，但它也使分子链活动能力增加，为结晶创造了条件，因此以增塑法降低 T_g 时必须考虑结晶速度增大和结晶形成的可能性。

以共聚法也能降低 T_g，如 PS 和 PAN 的侧基体积大、极性强，T_g 都在室温以上，只能作为塑料和纤维使用，以丁二烯与之共聚，可使 T_g 下降，作为橡胶使用。以共聚法降低 T_g 时，单体在共聚物中的分布极为重要。如普通丁腈橡胶随丙烯腈含量增加，T_g 升高，丁腈-26（−42℃），丁腈-40（−32℃）无规分布，相邻腈基之间的强相互作用增加了主链内旋转的阻力，致使链的柔性下降，而用新型催化剂制备的交替共聚的丁腈-50，由于两个腈基之间隔一个丁二烯链节，其相互作用力大大降低，提高了链的柔性，其 T_g 要比丁腈-40 低。

乙丙橡胶是降低聚合物结晶能力获得弹性的典型例子，PE 的 T_g 很低，但易于结晶，不能作为橡胶，CPE 可破坏结晶性，但所需含氯量高达 $28\%～30\%$，虽具有弹性，但含氯量高，链柔性低，氯间相互作用力强，力学性能不好。乙丙共聚解决了该问题，没有双键，不易硫化，其他性能优于天然橡胶。

通过破坏链的规整性来降低聚合物的结晶能力，提高耐寒性，改善弹性，虽然是一个有效而常用的方法，但对于任何硫化橡胶来说，除了弹性以外，还必须有较高的强度。但聚合物结晶能力降低，显然会降低强度，天然橡胶、丁基橡胶、顺丁橡胶和氯丁橡胶都是结构规整的结晶性橡胶，其纯的生胶就有较高的强度。而丁苯、丁腈、乙丙等结构不规整的非结晶橡胶，不加炭黑补强，强度很低。

6.2.2 高弹性的特点

① 弹性模量小，形变量很大。

橡胶的高弹形变可以高达1000％，甚至更高，而一般钢铁等金属材料的形变量只有1％左右，橡胶的弹性模量只有其他固体物质的万分之一以下。各种材料的弹性模量见表6-8。

表6-8　各种材料的弹性模量

材料	弹性模量/MPa	用途	材料	弹性模量/MPa	用途
钢	196000～215700	金属材料	赛璐珞	1275～2450	塑料
铜	102000	金属材料	硬橡皮	255～490	塑料
石英晶体	78460～98070	结构材料	聚乙烯	196	塑料
天然丝线	5490	纤维	皮革	118～392	皮革
牵伸尼龙-66	4900	纤维	橡胶	0.2～7.8	橡胶
聚苯乙烯	2450	脆性塑料	气体	0.098	

橡胶的弹性模量会随温度升高而增加，因为温度升高，分子链热运动激烈，回缩力增大。

② 形变需要时间。即橡胶的形变是一个松弛过程。

③ 形变时伴有热效应，伸长放热，回缩吸热。而且伸长时的热效应随着伸长率的增大而增加，这被称为热弹性效应。

橡胶伸长变形时，分子链由混乱排列变成比较有规则的排列，熵值减小；由于分子间内摩擦而产生热量；另外，由于分子规整排列而发生结晶，结晶放热，由于以上三种原因，橡胶拉伸时放热。

橡胶的热弹性效应见表6-9。

表6-9　橡胶的热弹性效应

伸长率/％	100	200	300	400	500	600	700	800
伸长热/(kJ/kg)	2.1	4.2	7.5	11.1	14.6	18.2	22.2	27.2

专题讲座之七　结晶高聚物冲击性能的改善

从第3章高聚物凝聚态结构内容，我们知道，结晶性高聚物的球晶结构和结晶度是可以改变的，而通过本章的学习，我们知道这对高聚物材料的力学性能有着显著的影响。一般来说，结晶度提高，有利于高分子材料拉伸强度和硬度的提高，但是也带来冲击强度的降低，实际应用中如何改变高分子材料的球晶结构和结晶度以改善高分子材料的耐冲击强度和其他性能呢？

① 通过共聚，一定程度上降低结晶高分子材料的结晶度，改善外观和冲击性能。

从第3章，我们知道，加入一定量的共聚单体，可以在保证聚合物结晶的同时，降低结晶度，也就改善了其耐冲击性能。PP-R是典型的代表，均聚PP由于立构规整度高，很容易结晶，这样的材料结晶度高，固然有比较高的拉伸强度，但是耐冲击强度低，而且，由于结晶快，球晶大，表面粗糙，用于输水管材，其表面阻力大，容易产生水垢黏附，增加了输水成本，也造成管材的耐久性变差。通过加入少量的乙烯单体进行无规共聚，占主要成分的PP相仍然能够结晶，聚乙烯相作为分散相或者缺陷分布于PP连续相中，有效降低了其结晶度，使得球晶变小，同时显著提高了其表面光洁度，输水阻力减小，也防止了水垢的黏附，因此已经广泛应用于输水管材。

② 加入成核剂，加快结晶速度，使得球晶变小。

同样在第 3 章，我们也介绍了成核剂和透明剂的概念。在高聚物结晶过程中人为加入的能够促进结晶的物质，在结晶过程中起晶核的作用，因此被称为成核剂，它实际上是高聚物结晶过程中人为加入的一种杂质。成核剂在小分子的结晶过程中也经常遇到，只是没有提出这个概念而已，我们知道，小分子结晶时如果有杂质存在，就会加快结晶速度，使结晶变小，结晶变得不完善，有时在过饱和的溶液中加入某种杂质或者少量这种结晶，就会发生快速结晶的现象，在巧克力或者奶糖的加工过程中，也通过加入像成核剂的物质，以促使结晶变小，使巧克力或者奶糖外观光滑，口感好。

在熔融状态下，由于成核剂提供所需的晶核，聚合物由原来的均相成核转变成异相成核，从而加速了结晶速度，使晶粒结构细化，另一方面，由于结晶聚合物都存在晶区和非晶区两相，可见光在两相界面发生双折射，不能直接透过，因此一般的结晶聚合物都是不透明的，而加入成核剂后，由于结晶尺寸变小，光透过的可能性增加，高聚物的透明性增加，表观光泽性改善。

如果在高聚物结晶时加入的高效成核剂，使结晶尺寸足够小，小于可见光的波长，聚合物就会变得完全透明，这种成核剂叫做透明剂，其本质上是高效成核剂，但是要说明的是，透明剂的加入不一定使结晶性高聚物完全透明，也可能是半透明。

在日常见到的结晶性高分子中，聚乙烯、聚丙烯、尼龙、聚对苯二甲酸乙二酯、聚甲醛等都有相应的成核剂。尤其是 PP 加工中更常采用成核剂或者透明剂。

③ 单向或者双向拉伸以及淬火处理，加快结晶速度。

以上方法是以化学共聚或者物理添加的方式加快结晶速度的实例，而通过加工方式的改变也可以加快结晶速度或者促使结晶形成。

在纤维加工中，广泛采用单向拉伸工艺，而薄膜加工中则经常采用双向拉伸工艺，这已经为大家所熟悉，在第 3 章取向态结构中已经提及，如双向拉伸 PET 和 PP，分别缩写为 BOPET 和 BOPP，其中 BOPET 曾经用于作为高档名片的材料，号称"撕不烂"的名片。

淬火本来是金属材料加工中的"三把火"之一，其余两种分别叫做"退火"和"回火"。在高分子材料的加工过程中也引入了这三个概念。在结晶性比较强的纤维加工中，经常用到淬火的工艺，如丙纶和聚四氟乙烯纤维。

聚四氟乙烯纤维具有优异的耐腐蚀性和耐高温性能，广泛应用于耐高温除尘过滤袋、军工制服等高档纤维制品行业，是近年来热门的纤维品种之一。由于 PTFE 分子结构对称，非常容易结晶，结晶度高的纤维虽然强度很高，但是弹性差，制作的材料会很"板"。因此在 PTFE 纤维的加工工艺中，在热定型后都必须经过一道淬火工序，就是使得高温定型的纤维快速冷却，加快结晶速度，降低结晶度，保证后续纤维的弹性和强度的统一。

有必要指出，回火工艺实际上在纤维的加工过程中也广泛采用，尤其是熔融纺丝技术，通过喷丝孔出来的纤维经过拉伸和冷却定型，整个分子链都取向了，保证了其强度，最后再快速加热，使得链段解取向，这样在保证强度的前提下就赋予了纤维一定的弹性，这就是回火工艺。

本章，我们知道，利用填料来增强高分子材料是最常用的高分子增强方法，其中按照填料的形状，分为粉状填料和纤维状填料两类。实际上，纤维状填料又分为两类，一类是纤维状填料随机混入高分子材料；另一类是将纤维状填料织成布或者编成网。

实际上，在我们熟知的日常生活中，这种增强材料的方式在其他材料中也经常见到。大家最熟悉的就是水泥的增强，我们知道水泥如果不增强，固化后，虽然硬度很大，但是耐冲击强度很弱，很容易断裂。这样在水泥作为材料之前，一般要加石子或者沙子增强，这实际上就相当于在高分子材料中添加碳酸钙、炭黑等粉状填料增强；另外，水泥中都要加钢筋，甚至要把钢筋编成网状，这就相当于高分子材料的纤维增强。另外，我们都知道在水泥混凝土出现以前，农村都是用泥或者石灰作建筑材料的，一般都要混入麦秸等进行增强，这实际上就相当于纤维随机增强的高分子材料。

目前，纤维增强的高分子材料——玻璃钢是最早实现工业化的高分子基复合材料，它在材料科学大家庭中独树一帜。其实，玻璃钢既非玻璃，也不是钢，它的基体是一种高分子有机树脂，用玻璃纤维或其他织物增强。它因具有玻璃般的透明性或半透明性，具有钢铁般的高强度而得名。它的科学名称是玻璃纤维增强塑料。由于其质轻高强，在各个领域得到了广泛应用。

玻璃钢最早的成型工艺就是手糊成型，其他的成型方式都是在该技术上发展起来的，这在中国最传统、最原始的复合材料，也就是千层底布鞋的材料——袼褙（ge bei）的成型加工中可以找到其雏形。在袼褙的成型中，高分子树脂采用的是天然高分子材料——糨糊，纤维增强材料采用的是各种废弃的棉纤维布，一层破棉纤维布上，手糊一层糨糊，这样一直进行下去，就得到了最早的复合材料——袼褙。

思考题与习题

1. 当一个乒乓球不小心被踩瘪后，把它放到热水中，它能基本回复原状，但是并不完全，可如果踩裂了，就不可能回复原状了，为什么？

2. 有机玻璃和聚碳酸酯都是透明性高分子材料，但是有机玻璃很脆，很容易折断，而聚碳酸酯则强而韧，很难折断，这是为什么？

3. 玻璃态高聚物与结晶态高聚物的拉伸情况有何异同？

4. 为什么在合成纤维的生产中先抽成很细的丝再纺成纱和线，而不直接抽成很粗的丝？

5. 一个塑料薄膜，如果我们用小的力小心拉伸，它会被拉得很长，但是如果我们用力快速拉伸，它会很容易被拉断，这是为什么？

6. 为什么聚乙烯、聚丙烯、尼龙等材料的冲击强度比有机玻璃和聚苯乙烯等要大得多？

第7章
高聚物的力学松弛——黏弹性

一个理想的弹性体，当受到外力后，平衡形变是瞬时达到的，与时间无关；一个理想的黏性体，受到外力后，形变随时间而线性发展；而高分子材料的形变性质与时间有关，介于理想弹性体和理想黏性体之间，因此高分子材料常被称为黏弹性材料。黏弹性是高分子材料的一个重要性质。

7.1 高聚物的力学松弛现象

高聚物的力学性质随时间的变化称为力学松弛。根据高分子材料受到外部作用的情况不同，可以观察到不同类型的力学松弛现象，最基本的有蠕变、应力松弛、滞后和力学损耗。

不同材料在恒应力下形变-时间关系见图 7-1。

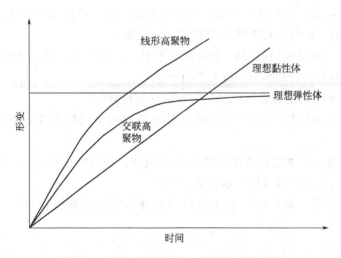

图 7-1　不同材料在恒应力下形变-时间关系

7.1.1 蠕变

在一定温度和较小的恒定外力（拉力、压力、扭力）作用下，材料的形变随时间的增加而逐渐增大的现象称为蠕变。

高分子材料受到外力作用后产生的形变有以下三类。

（1）普弹形变（ε_1）

聚合物受力瞬时发生的键长、键角的变化而引起的形变，形变量较小，服从胡克定律，当外力除去时，立即回复。

$$\varepsilon_1 = \frac{\sigma}{E_1} \tag{7-1}$$

式中，σ 为应力；E_1 为普弹形变模量。

普弹形变如图 7-2 所示。

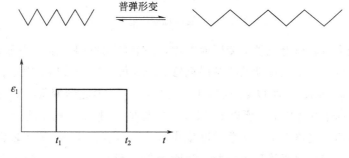

图 7-2　普弹形变示意图

（2）高弹形变（ε_2）

聚合物受力时，高分子链通过链段运动产生的形变，形变量比普弹形变大得多，但不是瞬间完成，形变与时间相关。当外力除去后，高弹形变逐渐回复。

$$\varepsilon_2 = \frac{\sigma}{E_2}(1 - e^{\frac{-t}{\tau}}) \tag{7-2}$$

式中，τ 为松弛时间，它与链段运动的黏度和高弹模量 E_2 有关。

高弹形变如图 7-3 所示。

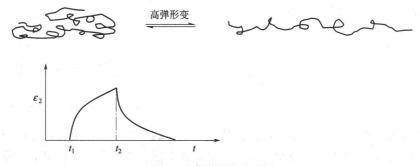

图 7-3　高弹形变示意图

（3）黏性流动（ε_3）

分子间没有化学交联的线形聚合物受力时发生分子链的相对位移,外力除去后黏性流动不能回复,是不可逆形变。

$$\varepsilon_3 = \frac{\sigma}{\eta_3}t \tag{7-3}$$

式中,η_3 为本体黏度。

黏性流动如图 7-4 所示。

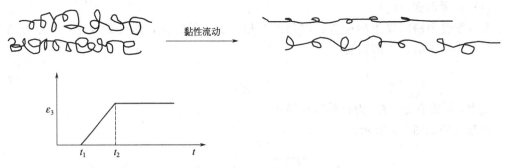

图 7-4　黏性流动示意图

当聚合物受力时,以上三种形变同时发生,三者的比例因具体条件而不同。

在玻璃化温度以下链段运动的松弛时间很长(τ 很大),所以 ε_2 很小;分子之间的内摩擦阻力很大(η_3 很大),所以 ε_3 也很小,主要是 ε_1,因此形变很小。在玻璃化温度以上,τ 随着温度的升高而减小,所以 ε_2 很大,主要是 ε_1 和 ε_2,ε_3 比较小。温度再升到黏流温度以上,不但 τ 变得很小,体系的黏度也很小,ε_1、ε_2 和 ε_3 都比较大。由于黏性流动是无法回复的,因此对于线形聚合物,当除去外力后总会留下一部分不能回复的形变,称为永久形变。

图 7-5 是线形高聚物在玻璃化温度以上的蠕变曲线和回复曲线,对于交联高聚物如橡胶,其蠕变没有 ε_3,因此其蠕变能够完全回复(见图 7-6)。

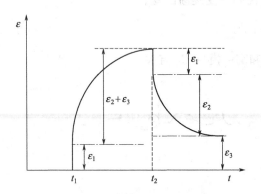

图 7-5　线形高聚物的蠕变曲线

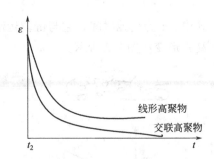

图 7-6　线形高聚物和交联高聚物的蠕变回复曲线

蠕变与温度和外力有关。温度过低,外力太小,蠕变很小而且很慢,短时间内不易察觉;温度过高、外力过大,形变发展很快,也觉察不到。在适当外力作用下,通常在高聚物 T_g 以上不远,链段在外力下可以运动,但运动时受到的内摩擦力较大,只能缓慢运动,可观察到比较明显的蠕变。

各种高聚物在室温下的蠕变现象很不相同，主链含芳杂环的刚性链高聚物具有较高的抗蠕变性能，广泛用作工程塑料，硬PVC具有良好的抗腐蚀性能，但容易蠕变，使用时必须加支架以防止蠕变。PTFE是塑料中摩擦系数最小的，但蠕变现象严重，一般不能作成机械零件，但却是很好的密封材料。橡胶采用硫化交联的方法防止由蠕变产生分子间滑移而造成不可逆形变。

23℃时几种高聚物的蠕变性能见图7-7。

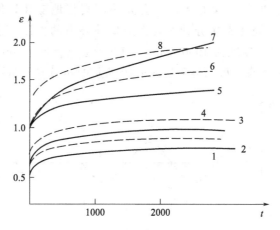

图 7-7 23℃时几种高聚物的蠕变性能

1—PSF；2—聚苯醚；3—PC；4—改性聚苯醚；5—ABS（耐热）；6—POM；7—尼龙；8—ABS

7.1.2 应力松弛

在恒定温度和形变情况下，高聚物内部的应力随时间的增加而逐渐衰减的现象称为应力松弛。应力松弛和蠕变是一个问题的两个方面，都反映高聚物内部分子的三种运动情况。

当高聚物被拉长时，其中分子处于不平衡的构象，要逐渐过渡到平衡构象，也就是链段顺着外力方向运动以减少或消除内部应力。

应力松弛也与温度有关，在玻璃化温度附近几十摄氏度的范围内才易察觉。

含增塑剂PVC丝，用其缚物，会逐渐变松。对于交联高聚物，由于分子间不能滑移，应力不会松弛到零，所以橡胶制品都要硫化交联。

线形高聚物和交联高聚物的应力松弛行为见图7-8，不同温度下的应力松弛曲线见图7-9。

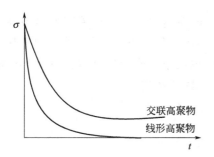

图 7-8 线形高聚物和交联高聚物的应力松弛行为

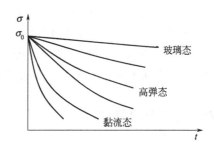

图 7-9 不同温度下的应力松弛曲线

7.1.3 滞后现象

高聚物作为结构材料，在实际应用时，往往受到交变力的作用。例如轮胎、传动皮带、齿轮、消振器等，它们都是在交变力作用的场合使用的。

以轮胎为例，车在行进中，它上面某一部分一会儿着地，一会儿离地，受到的是一定频率的外力，它的形变也是一会儿大，一会儿小，交替地变化。例如：汽车每小时走60km，相当于在轮胎某处受到每分钟300次周期性外力的作用（假设汽车轮胎直径为1m，周长则为 3.14×1，速度为 $1000m/min = 1000/3.14 = 300r/min$），把轮胎的应力和形变随时间的变化记录下来，可以得到如图7-10所示的两条波形曲线。

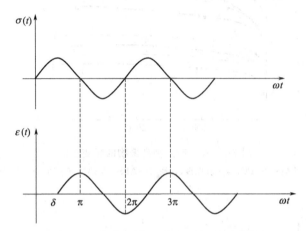

图 7-10 应力-时间、应变-时间关系曲线

上面一条为应力随着时间的变化曲线，可以表示为：

$$\sigma(t) = \sigma_0 \sin\omega t \tag{7-4}$$

下面一条为应变随时间的变化曲线，可以表示为：

$$\varepsilon(t) = \varepsilon_0 \sin(\omega t - \delta) \tag{7-5}$$

可见应变落后于应力一个相位差 δ，定义高聚物在交变应力作用下，应变落后于应力变化的现象为滞后现象。

滞后现象的发生是由于链段运动要受到内摩擦力的作用，当外力变化时，链段的运动跟不上外力的变化，应变落后于应力，有一个相位差 δ，δ 越大，说明链段运动越困难，越是跟不上外力的变化。

高聚物的滞后现象与化学结构有关，刚性分子的滞后现象小。还受到外界条件的影响，外力作用频率低，链段来得及运动，滞后现象很小。外力作用频率很高，链段根本来不及运动，聚合物好像一块刚硬的材料，滞后现象也很小。改变温度也会发生类似的影响。增加外力作用频率和降低温度对滞后现象有着相同的影响。

7.1.4 力学损耗

轮胎在高速行驶相当长时间后，立即检查内层温度，会发现很热，达到烫手的程度。这是因为高聚物受到交变力作用时会产生滞后现象，上一次受到外力后产生的形变在外力去除后还来不及恢复，下一次应力又施加了，以致总有部分弹性储能没有释放出来。这样不断循环，那些未释放的弹性储能都被消耗在体系的自摩擦上，并转化成热量放出。

这种在运动每个周期中，以热的形式损耗掉的能量，称为力学损耗，又被称为内耗。

以应力-应变关系作图时，所得的曲线在施加几次交变应力后就封闭成环，称为滞后环或滞后圈，此圈越大，力学损耗越大。橡胶的拉伸曲线和回缩曲线见图7-11。

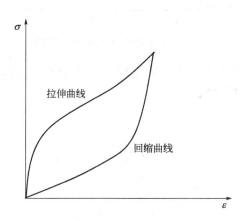

图 7-11 橡胶的拉伸曲线和回缩曲线

可以证明每个循环消耗的功为：

$$\Delta W = \pi \sigma_0 \varepsilon_0 \sin\delta \tag{7-6}$$

也就是说，每一循环中单位体积试样消耗的能量正比于最大应力 σ_0、最大应变 ε_0 以及应力和应变之间相位差的正弦，所以 δ 又被称为力学损耗角，常用力学损耗角的正切 $\tan\delta$ 来表示内耗的大小。

内耗的大小首先取决于高聚物的结构。一些常见橡胶的内耗和回弹性能可以从其分子结构上去寻找原因。顺丁橡胶的内耗小，结构简单，没有侧基，链段运动的内摩擦较小；丁苯橡胶和丁腈橡胶的内耗较大是因为其结构含有较大刚性的苯基或者较强极性的氰基，链段运动的内摩擦较大；而丁基橡胶的内耗比上面几种都大，则是由于其侧甲基数目多，链段运动的内摩擦更大。对于内耗较大的橡胶，吸收的冲击能量较大，回弹性较差，这对作为轮胎使用是不利的。对于作为防震材料，则要求在常温附近有较大的力学损耗，以吸收振动能并转化为热能。

高聚物的内耗还与温度和外力作用频率密切相关。温度与内耗的关系见图7-12。温度很高，分子运动快，应变能跟上应力变化，从而 δ 小，内耗小；温度很低，分子运动很弱，不运动，从而摩擦消耗的能量小，内耗小；只有温度适中，在玻璃化温度附近时，处于玻璃态和高弹态的过渡区，由于链段开始运动，而体系的黏度又很大，链段运动受到的摩擦阻力比较大，因此分子可以运动但跟不上应力变化，δ 增大，内耗大。因此在玻璃化转变区将出现一个内耗的极大值，称为内耗峰。而在黏流温度附近，内耗急剧增加。

频率与内耗的关系见图7-13。频率很快，分子运动跟不上应力的交换频率，摩擦消耗的能量小，内耗小。频率很慢，分子运动时间很充分，应变跟上应力的变化，δ 小，内

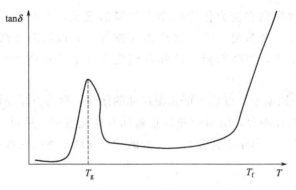

图 7-12　高聚物的内耗与温度的关系

耗小。频率适中时，分子可以运动但跟不上应力频率变化，δ 增大，内耗大。因此在一定的频率范围内将出现一个极大值。

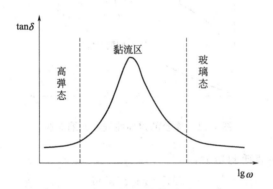

图 7-13　高聚物的内耗与频率的关系

7.1.5　静态力学松弛和动态力学松弛

蠕变和应力松弛是静态力学松弛过程，而在交变应力、应变作用下的滞后现象和力学损耗则是动态力学松弛，因此后者有时也被称为动态力学性质或者动态黏弹性。

7.2　黏弹性与时间、温度的关系——时温等效原理

7.2.1　时温等效原理

高聚物表现出的高弹形变和黏性流动均为松弛过程，温度升高，松弛时间可以缩短。因此同一个力学松弛现象，既可以在较高温度下在较短的时间内观察到，也可以在较低温度下在较长的时间内观察到。因此升高温度与延长观察时间对高分子运动是等效的，对高聚物的黏弹行为也是等效的。这个等效性可以借助于一个转换因子 α_T 来实现，即借助于

转换因子可以将在某一温度下测定的力学数据转变成另一温度下的力学数据。这就是时温等效原理。

时温等效原理具有重要的实用意义，利用它可以对不同温度或不同频率下测得的高聚物的力学性质进行比较或换算，从而得到一些实际上无法直接从实验测量得到的结果。例如要得到低温下天然橡胶的应力松弛行为，由于温度太低，应力松弛进行得很慢，要得到完整的数据，可能需要几个世纪甚至更长时间，这是不可能的，利用该原理在较高温度下测定应力松弛数据，然后换算成所需要的低温下的数据。

图 7-14 是高聚物在指定温度下应力松弛叠合曲线示意图。左边是一系列温度下试验测量得到的松弛模量-时间曲线，每一根曲线对应于一个特定的温度，跨越的时间标尺不超过 1h，因此它们都是完整的松弛曲线中的一小段。右边的曲线则是由左边的试验曲线按照时温等效原理绘制的叠合曲线。绘制叠合曲线时需要先选定一个参考温度（做成的叠合曲线就是在该温度下的模量-时间关系曲线，理论上任何温度都可以被选为参考温度，本图是以 T_3 为参考温度的）。

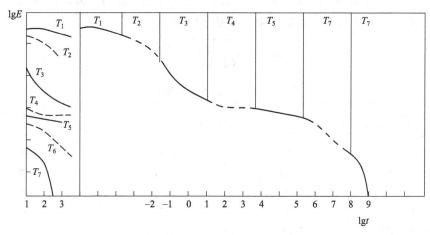

图 7-14　利用时温等效原理绘制应力松弛叠合曲线示意图

7.2.2　WLF 方程

在以上绘制叠合曲线时，各个温度下的试验曲线在时间坐标轴上的平移量是不相同的，如果将这些实际的移动量对时间作图，可以得到图 7-15 那样的曲线。实验证明很多非晶态线形聚合物都基本上符合这条曲线，Willams、Landel 和 Ferry 三人共同提出了以下经验方程，称为 WLF 方程。

$$\lg \alpha_T = \frac{-C_1(T - T_s)}{C_2 + T - T_s} \tag{7-7}$$

式中，T_s 为参考温度；C_1 和 C_2 为经验常数。上式表明移动因子与温度和参考温度有关。当选择 T_g 为参考温度时，则 C_1、C_2 具有近似普适值：$C_1 = 17.44$，$C_2 = 51.6$，但以 T_g 为参考温度的 C_1、C_2 差别过大，实际上不能作为普适值，而采用另一组参数 $C_1 = 8.86$，$C_2 = 101.6$，则对所有高聚物均能找到一个参考温度 T_s，它通常在 T_g 以上约

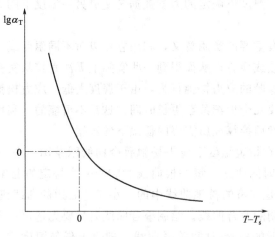

图 7-15 lgα_T 与 $T-T_s$ 的关系曲线

50℃处，是一个可以调节的参量。表 7-1 给出了若干高聚物的 T_s 值，在 $(T_s\pm50)$℃的范围内，式(7-8) 对于所有非晶态高聚物都是适用的。

$$\lg\alpha_T = \frac{-8.86(T-T_s)}{101.6+T-T_s}$$ (7-8)

表 7-1   几种高聚物的参考温度 T_s 值

高聚物	T_s/K	T_g/K	T_s-T_g/K
聚异丁烯	243	202	41
聚丙烯酸甲酯	378	324	54
聚乙酸乙烯酯	349	301	48
聚苯乙烯	408	373	35
聚甲基丙烯酸甲酯	433	378	55
聚乙烯醇缩乙醛	380		
丁苯橡胶 75/25	268	216	52
丁苯橡胶 60/40	283	235	48
丁苯橡胶 45/55	296	252	44
丁苯橡胶 30/70	382	291	37

7.3 Boltzmann 叠加原理

　　Boltzmann 叠加原理是高聚物黏弹性的一个简单但又非常重要的原理，这个原理指出高聚物的力学松弛行为是整个历史上诸多松弛过程的线性加和的结果。

　　利用这个原理，可以根据有限的实验数据，来预测高聚物在很宽的负荷范围内的力学性质。图 7-16 是相继作用在试样上的两个应力（第一个应力一开始施加，第二个应力在时间 u_1 后施加）所引起的应变的线性加和。

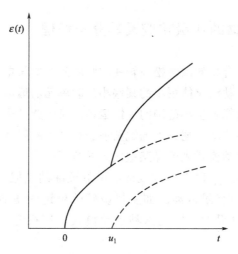

图 7-16　相继作用在试样上的两个应力所引起的应变的线性加和

7.4　聚合物的次级松弛及其分子机理

7.4.1　聚合物的主转变和次级转变

前述松弛转变过程主要是非晶态聚合物的玻璃化转变和结晶聚合物的熔融，实际上在宽广的温度范围内（如 $-100 \sim 200℃$）进行动态力学测量时，得到的力学损耗温度谱上，除了上述的 T_g 和 T_m 以外，对于不同的聚合物还可能出现不同的若干个内耗峰，分别对应于聚合物不同的松弛转变过程。一般把 T_g 和 T_m 称为主转变，将低于主转变温度出现的其他松弛过程称为次级松弛。

为了研究方便，习惯上把包括主转变在内的多个内耗峰，无论其分子机理如何，仅按照出现的温度顺序，由高到低依次用 α、β、γ、δ 等字母来命名（见图 7-17）。α 松弛对应的就是 T_g 或者 T_m，因此其就有确定的分子机理，而其他的次级松弛则不然，同样是 β 松弛，聚合物不同，其分子机理也不同，从这个意义上说聚合物的 tanδ-温度谱就像是各个聚合物的指纹一样一一对应。

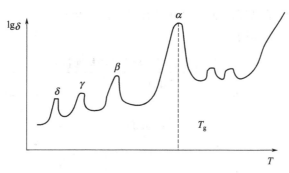

图 7-17　聚合物的 tanδ-温度谱

7.4.2 非晶态聚合物的次级转变及其分子机理

相对地说，非晶态聚合物的次级松弛转变的归属问题要简单一些，出现在较低温度以下的次级松弛，归属于运动活化能更小的某些小运动单元的运动，其中最常见的是侧基和链端的运动。此外也有可能发生小范围的主链运动。对于杂链聚合物，可以是主链上基团的独立运动，如聚酯上的酯基、尼龙上的酰胺基、聚砜上的砜基等。对于碳链聚合物，则有局部松弛模式和曲轴运动模式来解释某些次级松弛。

局部松弛模式是指在 T_g 以下，链段运动虽然被冻结，但是较短的链节在其平衡位置周围有可能做小范围的有限振动。如主链绕碳碳单键的扭曲振动。由于聚合物主链的内部运动的自由度数目很大，因此这种运动模式具有很宽的频率分布，其内耗峰往往很宽。

曲轴运动是在特殊情况下发生的一种碳碳主链的内旋转运动。许多主链上含有四个或者更多线性相连—CH_2—的聚合物，在 −120℃ 附近往往出现一个内耗峰，通常认为，其是由曲轴运动引起的。这种曲轴运动模式有三种，如图 7-18 所示，它们的共同特点是，当两端的两个单键落在同一条直线上时，处在它们中间的 4～6 个—CH_2—可以这一直线为轴做转动而不会扰动链上的其他原子，由于这种运动的运动单元很小，需要的能量很低，因此通常出现在很低的温度。在聚乙烯和许多尼龙的次级松弛中，都能找到与这种机理相对应的 γ 松弛。而且当聚酰胺单体的碳原子数目从 11 逐渐减小时，γ 松弛强度也逐渐减小，到尼龙-3 时，由于主链上只有 3 个相连的—CH_2—基团，不会再发生上述曲轴运动，γ 松弛消失。

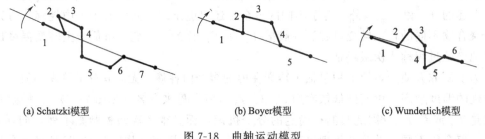

(a) Schatzki模型　　　　(b) Boyer模型　　　　(c) Wunderlich模型

图 7-18　曲轴运动模型

表 7-2 和表 7-3 给出了两个典型非晶态高聚物聚甲基丙烯酸甲酯和聚苯乙烯的次级松弛温度、活化能及其分子机理。从表中可以看出，诸次级松弛的分子机理常常非常含糊，甚至不同人的看法也不尽相同。

表 7-2　聚甲基丙烯酸甲酯的松弛转变

松弛温度/K	活化能/(kJ/mol)	分子运动
T_g 387	335	链段运动
T_β 283(1Hz)	71～126	酯基运动
T_γ 100(1Hz)	13	甲基转动
T_δ 4.2(1Hz),15(10Hz)	3.1	酯甲基

表 7-3 聚苯乙烯的松弛转变

松弛温度/K	活化能/(kJ/mol)	分子运动
$T_g\ 377$	335	链段运动
$T_\beta\ 300(1\text{Hz})$	126,138	局部松弛(或苯基扭转振动)
$T_\gamma\ 153(1\text{Hz}),138(1\text{Hz})$	33,38	苯基受阻旋转(或者与—CH_2—有关的运动)
$T_\delta\ 50(10\text{Hz}),38(5.59\text{Hz})$	6.7	苯基振荡或摇摆

7.4.3 结晶聚合物的次级转变及其分子机理

由于结晶聚合物的结构复杂，其松弛转变要比非晶态聚合物复杂得多。结晶聚合物中晶区和非晶区总是并存的，其非晶区就会发生前述的各种次级松弛，而且这些松弛的分子机理有可能受到晶区的影响，会表现得更为复杂。而其晶区中还存在各种分子运动，也要引起各种次级松弛。

为了区分晶区和非晶区的次级松弛的归属，常常采用不同结晶度的试样，进行对照实验，以确定其是晶区引起的还是非晶区引起的，然后在 α、β、γ、δ 等字母的下脚标注 c 或 a，分别标明其归属于晶区或非晶区。

晶区引起的松弛转变对应的分子机理可能有：

① 晶区的链段运动；

② 晶型转变，例如 PTFE 在室温附近出现了从三斜晶系到六方晶系的转变；

③ 晶区中分子链沿晶粒长度方向的协同运动，其与晶片厚度有关；

④ 晶区内部侧基或者链端的运动，缺陷区的局部运动，以及分子链折叠部分的运动等。

对于结晶聚合物的松弛转变研究得最多的就是 PE 了。

LDPE 的内耗-温度谱上有 α、β、γ 三个次级松弛，而 HDPE 不出现 β 松弛，α 松弛则裂解为 α 和 α′ 两个松弛。有必要指出，习惯上，将结晶聚合物的主转变即熔点并不定为 α 松弛，此处的 α 松弛就是最高温处的次级松弛。

关于聚乙烯的 α 松弛，目前尚有争论。比较公认的意见认为它是由两个不同活化能的松弛过程所组成的复合过程。不同程度氯化后，其会减弱甚至消失，因此，其应该是由晶区的分子运动引起的。同时采用不同的退火温度进行结晶的试样，随着温度的升高，α 松弛减小，并移向高温，因而有人提出，α 松弛是晶片表面分子链回折部分的再取向运动，因为，退火温度升高，晶片变厚，分子链回折部分的数目相应减少，其强度降低。至于 α′ 松弛，有人认为是由晶片边界的滑移引起的。

图 7-19 为两种聚乙烯的松弛转变。

从两种聚乙烯试样的谱图比较可以看出 β 松弛是属于非晶区的，进一步测量了几种不同支化度的聚乙烯试样的谱图，发现 β 松弛峰随着支化度的减小而降低，证明其是由支化点的运动引起的。

聚乙烯的 γ 松弛在两种聚乙烯试样中都比较明显地出现，进一步研究表明，随着结晶度的提高，γ 松弛峰降低，但是即使是非常完善的结晶，其仍然会出现，因此，大多认为其是非晶区聚乙烯分子链的曲轴运动和晶区缺陷处分子链的扭曲运动的结果。

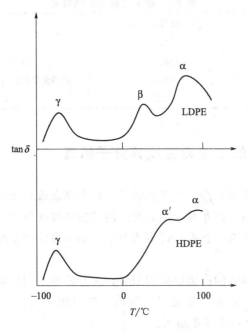

图 7-19 两种聚乙烯的松弛转变

由被踩瘪的乒乓球和打乒乓球看高分子材料的变形与松弛

在塑料乒乓球出现以前,几乎所有的乒乓球都是赛璐珞材质的,它是以增塑的硝酸纤维素为原料制造的,增塑剂一般为樟脑,而硝酸纤维素则是纤维素的硝酸酯,是天然高分子材料的改性产品。

首先,我们来看看打乒乓球时的现象,当我们用力扣杀时,实际上是相当于外力的作用频率很大,乒乓球打在球台上,会发出清脆的响声,如果不小心打在脸上,会感觉很疼,这时的乒乓球表现为脆性材料,很硬,分子运动跟不上外力的变化频率,也不会发生蠕变等力学松弛现象。如果我们用球拍在球台上慢慢挤压一个乒乓球,它会慢慢被压瘪,这表明在很慢的外力作用频率下,乒乓球表现为软性材料,就会发生蠕变现象。

由上面的乒乓球被压瘪的现象,我们联想到在打乒乓球时常会遇到不小心将乒乓球踩瘪的现象,如果用力不是太大,一般乒乓球不会被踩烂,我们都知道,这个被踩瘪的乒乓球在室温范围内是不可能恢复原状的。如果把它放在热水中烫一烫,它就会很快恢复原状,但是,实际上,这个乒乓球并不能完全恢复原状,踩瘪的部分总有肉眼可以观察到的不同于以前的变化。这个司空见惯的现象更是包含着很多高分子物理方面的知识。

对乒乓球施加踩力实际上类似于对高分子材料的拉伸,只不过拉力变成了压力。如果踩得过于厉害,也就是压力过大,乒乓球就被直接踩烂了,会发出清脆的破裂声,这是在大外力下的聚合物材料的脆性断裂;如果力度不够大,乒乓球被踩瘪,但是并没有发生断裂,这相当于在外力作用下屈服后的强迫高弹性,这种大形变在常温下不能自发恢复，加热会加快其恢复过程，大家可以试一试用不同温度的热水去处理被踩瘪的乒乓球，就会发现，随着温度的升高，这个恢复过程会显著加快，这就是时温等效原理，也就是松弛时间与温度密切相关，因为我们知道高分子的所有分子运动都是松弛过程。

上面已经提及，被踩瘪的乒乓球在热水中即使能够恢复，但是总有肉眼可以观察到的不同于原来形状的变化，也就是这种形变并不能真正地完全恢复，这是因为聚合物的形变分为普弹形变、高弹形变和黏性流动三种，除去外力后，普弹形变立即恢复，由于这种形变很小，我们不容易观察到，而在热水中恢复的就是高弹形变部分，是链段运动造成的，而黏性流动是不可能恢复的，所以被踩瘪的乒乓球即使在沸水中也不可能完全恢复到原来的形状。

思考题与习题

1. 为什么塑料输水管道，每隔 1m 左右就需要一个支架？

2. 用塑料绳捆物体，随着时间的延长，会变得越来越松，这是为什么？

3. 为什么橡胶都要经过硫化？

4. WLF 方程 $\lg\alpha_T = \dfrac{-C_1(T-T_s)}{C_2+T-T_s}$，当取 T_g 为参考温度时，$C_1 = 17.44$，$C_2 = 51.6$。如果以 $T_g+50\,℃$ 为参考温度，其 C_1 和 C_2 分别为多少？

第8章
高聚物的其他性能

8.1　聚合物的电性能

一提起聚合物的电学性质，人们会马上想到聚合物是一种优良的绝缘材料，第一个人工合成的高分子材料——酚醛树脂就是为了作为绝缘胶而发明的。绝缘性确实是绝大多数高聚物一个重要的性质。

其实，有的高聚物还具有大的介电常数和很小的介电损耗，从而可以用作薄膜电容器的电介质。

还有其他具有特殊电功能的高聚物相继出现，如高聚物驻极体、压电体、热电体、光导体、半导体、导体甚至超导体。

研究聚合物的电学性质，除了具有实用价值以外，还有重要的物理意义，因为聚合物的电学性质往往能最灵敏地反映高分子内部结构和分子运动之间的关系，电学性质相比于力学性质能够在更宽的频率范围内测定，其灵敏度和精确性都要高，因而成为研究高分子结构和分子运动的一种发展最快的手段。

8.1.1　聚合物的介电性质

介电性质是指材料在电场作用下，表现出对静电能的储存和损耗的性质。通常用介电常数和介电损耗两个参数来表示。任何电介质都有这样的现象，高聚物也不例外。

8.1.1.1　外电场作用下的极化现象

在外电场作用下，电介质分子或者其中某些基团中电荷分布发生相应的变化称为极化，包括电子极化、原子极化、取向极化和界面极化等。其中电子极化是外电场作用下分子中各个原子或者离子的价电子云相对于原子核的位移，原子极化是分子骨架在外电场作用下发生的变形，二者统称变形极化或诱导极化，其极化率不随温度的变化而变化，任何聚合物在高频区均能发生变形极化。

取向极化又称偶极极化，是具有永久偶极距的极性分子沿外场方向排列的现象。对聚合物而言，取向极化的本质与小分子相同，但是具有不同运动单元的取向，从小的侧基到整个分子链。因此完成这种极化所需要的时间范围很宽，与力学松弛时间谱类似，称为介电松弛谱。

界面极化是一种产生于非均相介质界面处的极化。一般的非均质聚合物材料如共混聚合物、泡沫塑料、填充聚合物材料等都产生这种极化。均质聚合物也因为杂质或者缺陷以及晶区和非晶区共存而产生界面极化。

8.1.1.2 介电常数

在真空平行板电容器中加上电压 V，则两个极板上将产生电荷 Q_0，电容器的电容为

$$C_0 = \frac{Q_0}{V} \tag{8-1}$$

当电容器中充满电介质时，由于电介质分子的极化，在两个极板上产生感应电荷 Q'，极板电荷增加为 Q，$Q = Q_0 + Q'$，此时电容也增加为 $C = Q/V$。

定义：含有电介质的电容器与相应真空电容器的电容之比为该电介质的介电常数，即

$$\varepsilon = \frac{C}{C_0} = \frac{Q}{Q_0} \tag{8-2}$$

由式(8-2)可以看出，电介质的极化程度越大，Q 值越大，ε 也越大。所以介电常数 ε 是衡量电介质极化程度的宏观物理量。它可以表征电介质储存电能的能力。

聚合物的品种繁多，偶极距大小不同，介电常数在 1.8～8.4 之间，大多数在 2～4 之间。

表 8-1 所列为某些共价键的键距和分子的偶极距

表 8-1　某些共价键的键距和分子的偶极距

键	键距(D)	键	键距(D)	化合物	偶极距(D)
C—C	0	C=N	1.4	甲烷	0
C=C	0	C—F	1.81	苯	0
C—H	0.4	C—Cl	1.86	水	1.85
C—N	0.45	C=O	2.4	氯甲烷	1.87
C—O	0.7	C≡N	3.1	乙醇	1.76

根据聚合物中各种基团的有效偶极距 μ，它的量纲为德拜（D），可以把它们分为以下四类。

非极性（$\mu = 0$）：聚乙烯、聚丙烯、聚丁二烯、聚四氟乙烯等，$\varepsilon = 2.0～2.3$。

弱极性（$\mu \leqslant 0.5$）：聚苯乙烯、聚异戊二烯等，$\varepsilon = 2.3～3.0$。

极性（$\mu > 0.5$）：聚氯乙烯、尼龙、有机玻璃等，$\varepsilon = 3.0～4.0$。

强极性（$\mu > 0.7$）：聚乙烯醇、聚酯、聚丙烯腈、酚醛树脂、氨基树脂等，$\varepsilon = 4.0～7.0$。

非极性分子只有电子和原子极化，介电常数较小，极性分子除了有这两种极化以外，还有偶极极化，介电常数较大。此外，介电常数还受下列因素影响。

① 极性基团在聚合物链上的位置：在主链上的基团活动能力小，影响小；在侧基上尤其是在柔性侧基上的极性基团活动性大，影响大。

② 分子结构的对称性：分子结构对称的，极性会相互抵消或者部分抵消。对同一种高聚物来说，全同立构的介电常数高，间同立构的低，而无规立构的介于二者之间。

③ 分子间作用力：增加分子间作用力（交联、取向、结晶等）会使极性基团的活动能力受到限制，ε 减小，如酚醛塑料虽然极性很大，但是由于高度交联，介电常数却不大。双轴拉伸取向的聚酯的介电常数也会减小，提高结晶度也会减小介电常数；减小分子间作用力（如支化等）会使 ε 增大。

④ 物理状态：处于高弹态的聚合物比玻璃态时活动能力强，其上的极性基团更易取向和活动，所以 ε 增大。聚氯乙烯上的极性氯原子含量几乎比氯丁橡胶多一倍，但是室温下介电常数后者却几乎是前者的三倍。当高聚物提高到玻璃化温度以上时，介电常数会大幅度提高，如 PVC 的介电常数将从 3.5 提高到 15，尼龙则从 4.0 提高到 50。

常见聚合物的介电常数见表 8-2。

表 8-2　常见聚合物的介电常数 ε

聚 合 物	ε	聚 合 物	ε
聚四氟乙烯	2.0	乙基纤维素	3.0~4.2
四氟乙烯-六氟丙烯共聚物	2.1	聚酯	3.00~3.46
聚 4-甲基-1-戊烯	2.12	聚砜	3.14
聚丙烯	2.2	聚氯乙烯	3.2~3.6
聚三氟氯乙烯	2.24	聚甲基丙烯酸甲酯	3.3~3.9
低密度聚乙烯	2.25~2.35	聚酰亚胺	3.4
乙烯-丙烯共聚物	2.3	环氧树脂	3.5~5.0
高密度聚乙烯	2.30~2.35	聚甲醛	3.7
ABS 树脂	2.4~5.0	尼龙-6	3.8
聚苯乙烯	2.45~3.10	尼龙-66	4.0
高抗冲聚苯乙烯	2.45~4.75	聚偏二氟乙烯	4.5~6.0
乙烯-醋酸乙烯酯共聚物	2.5~3.4	酚醛树脂	5.0~6.5
聚苯醚	2.58	硝酸纤维素	7.0~7.5
硅树脂	2.75~4.20	聚偏二氯乙烯	8.4
聚碳酸酯	2.97~3.17		

8.1.2　聚合物的介电松弛和介电损耗

电介质在交变电场作用下，由于消耗了一部分电能，使介质本身发热，这种现象叫做介电损耗。

产生介电损耗有以下两个原因。

① 电介质中含有的导电载流子，在电场作用下，产生电流，消耗部分电能转化为热能，称为电导损耗。

② 电介质在交变电场作用下发生极化的过程中，与电场发生能量交换。取向极化过程是一个松弛过程，电场使偶极子转向时，一部分电能损耗于克服介质的内黏滞阻力上，转化为热能，发生松弛损耗；变形极化是一种弹性过程或者谐振过程，当电场的频率与原子或电子的固有振动频率相同时，发生共振吸收，损耗电场能量最大。

在外加电场的作用下，聚合物分子偶极子不会立即取向，它是一个松弛过程，也像聚合物受到外界应力，形变不会立即响应，也有一个松弛过程，这两种情况是相似的，都是由于分子的重新排列，所以黏弹性的测定和介电性质的测定都可以用来研究聚合物分子的重排，而介电性质的测试比黏弹性测试更有利，因为可以应用的频率范围要宽得多，可以为 $10^{-4} \sim 10^{14}$ Hz。

和力学松弛时间一样，也存在介电松弛时间 τ。前已述及，电介质极化中的变形极化是瞬时完成的，而取向极化是在松弛过程中完成的。因此要讨论介电松弛，必须考虑到总的极化强度 P 由两部分构成：与时间无关的变形极化强度 P_d 和与时间有关的取向极化强度 P_r。

$$P = P_d + P_r \tag{8-3}$$

在对电介质施加恒定电压 E 时，变形极化在 10^{-14} s（光频）数量级内发生，此时取向极化完全跟不上电场的变化，取向极化强度为 0，所以在光频下只有变形极化强度

$$P_d = \epsilon_0 (\varepsilon_\infty - 1) E \tag{8-4}$$

式中，ε_∞ 为光频下介电常数的极限值；ϵ_0 为真空电容率。

假定对介质施加一个静电场 E，则

$$P_d = \epsilon_0 (\varepsilon_s - 1) E \tag{8-5}$$

式中，ε_s 为静电介电常数，则取向极化强度逐渐增大，最后达到

$$P_r \underset{t \to \infty}{=} \epsilon_0 (\varepsilon_s - \varepsilon_\infty) E \tag{8-6}$$

因为取向极化是一个松弛过程，如果在一开始（$t=0$）时就施加一个静电场 E，则取向极化强度可以表示为

$$P_r = P_r \underset{t \to \infty}{(1 - e^{\frac{-t}{\tau}})} = \epsilon_0 (\varepsilon_s - \varepsilon_\infty) E (1 - e^{\frac{-t}{\tau}}) \tag{8-7}$$

现在考虑加一个交变电场 $E = E_0 e^{i\omega t}$ 的情况。由于变形极化紧跟电场的变化，不存在时间上的滞后

$$P_d = \epsilon_0 (\varepsilon_\infty - 1) E_0 e^{i\omega t} \tag{8-8}$$

而取向极化滞后于电场的一个交变相位差，它是一个复数，为此引入一个复数 $P_{r,0}$，它们之间的关系为

$$P_r = P_{r,0} e^{i\omega t} \tag{8-9}$$

其中，$P_{r,0} = \dfrac{1}{1 + i\omega\tau} \epsilon_0 (\varepsilon_s - \varepsilon_\infty) E_0$

总的极化强度是：

$$P = P_d + P_r = \epsilon_0 (\varepsilon_\infty - 1) E + \frac{1}{1 + i\omega\tau} \epsilon_0 (\varepsilon_s - \varepsilon_\infty) E \tag{8-10}$$

这样 P 也变成复数了。按照 $P = \epsilon_0 (\varepsilon - 1) E$，$\varepsilon$ 应该改成 ε^*，称为复数介电常数

$$\varepsilon^* = 1 + (P / \epsilon_0 E) = 1 + (\varepsilon_\infty - 1) + \frac{\varepsilon_s - \varepsilon_\infty}{1 + i\omega\tau} = \varepsilon_\infty + \frac{\varepsilon_s - \varepsilon_\infty}{1 + i\omega\tau} \tag{8-11}$$

上式就是 Debye 色散关系式。

复数介电常数是 $\varepsilon^* = \varepsilon' - i\varepsilon''$，由式（8-11）可知

$$\varepsilon' = \varepsilon_\infty + \frac{\varepsilon_s - \varepsilon_\infty}{1 + \omega^2 \tau^2} \tag{8-12}$$

$$\varepsilon'' = \frac{(\varepsilon_s - \varepsilon_\infty)\omega\tau}{1 + \omega^2\tau^2} \tag{8-13}$$

因为 ε' 和 ε'' 之间有一个相位差，在实际应用中取相位角正切 $\tan\delta = \dfrac{\varepsilon''}{\varepsilon'}$ 表示电能的损耗

$$\tan\delta = \frac{(\varepsilon_s - \varepsilon_\infty)\omega\tau}{\varepsilon_s + \omega^2\tau^2\varepsilon_\infty} \tag{8-14}$$

复数介电常数中的实数部分 ε'，从式(8-12)可以看出，当 $\omega \to 0$ 时 $\varepsilon' \to \varepsilon_s$，即在低频下，一切极化都有充分的时间发生，因而 ε' 达到最大值 ε_s；当 $\omega \to \infty$ 时，$\varepsilon' \to \varepsilon_\infty$，即在极限高频下，偶极由于惯性，来不及随着电场变化改变取向，取向极化无法发生，只有变形极化能够发生。

复数介电常数中的虚数部分 ε'' 表示循环一周所损耗的电能，即前述的介电损耗，从式(8-13)可以看出当 $\omega \to 0$ 时 $\varepsilon'' \to 0$，即频率低时，偶极取向完全跟得上电场的变化，能量损耗低；当 $\omega \to \infty$ 时 $\varepsilon'' \to 0$，即在频率太高时，偶极取向完全跟不上电场的变化，损耗也小。

将 ε'' 对 ω 求导，从 $\dfrac{d\varepsilon''}{d\omega} = 0$ 可以得到 $\omega\tau = 1$，这时 ε'' 达到极大值。

$$\varepsilon'_{(\omega\tau=1)} = \frac{\varepsilon_s + \varepsilon_\infty}{2} \tag{8-15}$$

$$\varepsilon''_{max} = \frac{\varepsilon_s - \varepsilon_\infty}{2} \tag{8-16}$$

以上 ε'、ε'' 与频率的关系，可以清楚地表示于 Debye 介电色散图中（见图 8-1）。

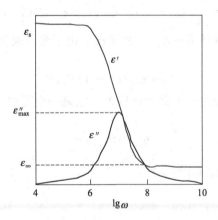

图 8-1　Debye 介电色散图

就像利用力学损耗对温度作图，可以清楚地研究聚合物的玻璃化转变、晶区转变和次级松弛一样，利用介电损耗对温度作图同样可以清楚地研究这些松弛现象。只不过两种办法研究的各种松弛现象出现的温度和峰形有所不同而已。

图 8-2 是三种不同结晶度的聚乙烯的力学松弛谱和介电松弛谱的比较。由图中可以看出，两种谱中的三种主要松弛都发生在大致相同的温度，虽然略有差别，但是对于同一种聚乙烯，两种谱的峰并不处在完全相同的位置，这是由于测定介电损耗用的频率高达 100kHz，而测定力学损耗用的频率只有 1Hz。

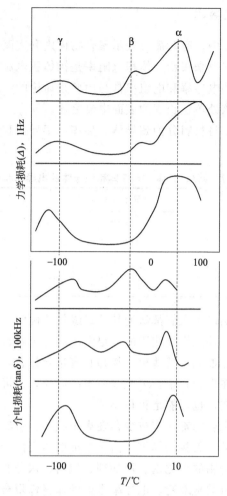

图 8-2　不同结晶度聚乙烯的力学松弛谱与介电松弛谱的比较

（从上到下依次为低密度聚乙烯、高密度聚乙烯和线性聚乙烯的图谱，结晶度依次提高）

决定聚合物介电损耗大小的内在原因，一个是聚合物分子极性大小和极性基团的密度；另一个是极性基团的活动性。

聚合物分子极性越大，极性基团密度越大，则介电损耗越大。非极性聚合物的介电损耗值一般在 10^{-4} 数量级，而极性聚合物的介电损耗值要高两个数量级。

通常，偶极距较大的聚合物，其介电常数和介电损耗也都较大。然而当极性基团位于聚合物的 β 位置上，或者柔性侧基的末端时，由于其取向极化的过程是独立的，引起的介电损耗并不大，但是对介电常数的影响仍然较大，这提示我们有可能通过分子设计来得到一种介电常数较大，而介电损耗并不大的聚合物材料，以满足制造特种电容器的需求。

8.1.3　聚合物的导电性

材料的导电性是用电阻率 ρ 或者电导率 σ 来表示的。电阻率是指单位面积单位厚度试样的电阻值；而电导率是指单位面积单位厚度试样的电导值，二者互为倒数关系。

8.1.3.1 聚合物的电导率

在聚合物的导电性表征中，有时需要表示聚合物体内和表面的不同导电性，常常分别采用体积电阻率和表面电阻率来表示。体积电阻率是指体积电流方向直流场强与该处体积电流密度之比，前面述及的电导率和电阻率都是由此来讨论的。表面电阻率是沿着试样表面电流方向的直流场强与该处单位长度的表面电流之比。

按照电阻率或者电导率将材料分为超导体、导体、半导体和绝缘体四类，它们的电导率和电阻率列于表 8-3 中。

表 8-3　超导体、导体、半导体和绝缘体的电导率和电阻率

材料	电导率/(S/m)	电阻率/$\Omega \cdot m$
超导体	$\geqslant 10^8$	$\leqslant 10^{-8}$
导体	$10^8 \sim 10^5$	$10^{-8} \sim 10^{-5}$
半导体	$10^5 \sim 10^{-7}$	$10^{-5} \sim 10^7$
绝缘体	$10^{-7} \sim 10^{-18}$	$10^7 \sim 10^{18}$

对于聚合物而言，长期以来人们都认为其是绝缘体，确实，第一人工合成的高分子材料——酚醛树脂就是用来代替绝缘胶使用的，很多的高分子材料也广泛应用于电线电缆的绝缘包皮。但是实际上并非如此，某些聚合物却具有半导体、导体的电导率。

从导电机理上来看，在聚合物中，可能存在电子电导，也可能存在离子电导，即导电的载流子可能是电子、空穴，也可能是正负离子。

一般来说，大多数的聚合物都或多或少存在离子电导，带有强极性基团或者原子的聚合物如聚丙烯腈、聚丙烯酸、聚氯乙烯等，由于本征解离可能产生导电子；在合成、加工、使用过程中，进入聚合物的催化剂、添加剂、填料、水分和其他小分子杂质的解离都可能产生导电离子，在没有共轭双键、电导率很低的非极性聚合物中，这些外来离子成了主要的导电载流子；而共轭聚合物、聚合物电荷转移络合物、聚合物的自由基-离子化合物和有机金属聚合物等聚合物导体、半导体则具有强的电子电导。

在一般聚合物中，特别是那些主要由杂质解离提供载流子的聚合物中，载流子的含量是很低的，但是对于需要高度绝缘的材料，其影响是必须考虑的。饱和的非极性聚合物如 PE、PP 等具有最好的电绝缘性，极性聚合物的电绝缘性次之。

8.1.3.2 导电聚合物的结构与导电性

① 共轭聚合物是高分子半导体材料。主要有聚乙炔、聚苯、聚亚苯基乙炔、聚噻吩、聚苯胺等，由于 π 电子在共轭体系内的一定程度上的去定域化，提供了电子载流子，而且这些 π 电子在共轭体系内又有很高的迁移率，使得其电阻率大大下降。然而即使是结构最为简单的线性聚乙炔，其 π 电子也并不能完全离域，因此其实际的导电性并不高。

为了实现共轭聚合物的高导电性，必须采用掺杂的方法。就是向半导体材料中掺入少量作为电子给予体或者电子接受体的分子以改善导电性，传统的无机半导体材料的掺杂一般是物理掺杂。而共轭聚合物的掺杂一般采用氧化还原反应的化学掺杂。例如

在聚乙炔中引入碘分子，氧化了少量聚乙炔，使得聚乙炔带正电，这类氧化掺杂称为 p 型掺杂：

$$[CH]_n + \frac{3}{2}xI_2 \longrightarrow [CH]_n^{x+} + xI_3^-$$

也可以在聚乙炔中引入少量 Na，使得少量聚乙炔还原而带上负电，称为 n 型掺杂：

$$[CH]_n + xNa \longrightarrow [CH]_n^{x-} + xNa^+$$

对聚乙炔的掺杂改性的研究最为广泛，目前 AsF_3 掺杂的聚乙炔导电薄膜已经实现了商品化，其他如聚苯胺、聚噻吩、聚吡咯等的掺杂研究也取得了不同程度的进展。

黑格尔、白川英树等科学家正是由于在这方面做出了贡献而获得了 2000 年度的诺贝尔化学奖。

在前面的章节中已经介绍到，主链中含有共轭双键的聚合物的刚性非常大，难以加工成型，一般是不溶不熔的固体粉末，这是制约这类聚合物应用的最大障碍。可以采用引入柔性侧基的方法增加溶解性。

表 8-4 所列为典型的共轭导电聚合物的电导率。

表 8-4　典型的共轭导电聚合物的电导率

聚合物	掺杂剂	电导率/(S/m)
聚乙炔	I_2，AsF_5，$FeCl_3$，$SnCl_4$，Li^+，Na^+，ClO_4^- 等	$10^3 \sim 2 \times 10^5$
聚噻吩及其衍生物	I_2，SO_4^{2-}，$FeCl_3$，$AlCl_4^-$，Li^+，ClO_4^- 等	$10 \sim 600$
聚吡咯及其衍生物	I_2，Br^-，ClO_4^-，BF_4^-，SO_4^{2-} 等	10^3
聚苯	AsF_5，SbF_5，Li^+，Na^+，ClO_4^- 等	$10^2 \sim 10^3$
聚苯胺	ClO_4^-，BF_4^-，SO_4^{2-} 等	10^2
聚苯并噻吩	ClO_4^- 等	10^2
聚对苯乙炔	I_2，AsF_5 等	5×10^3
聚噻吩乙炔	I_2 等	2.7×10^3
聚双炔及其衍生物	无，I_2	$10^{-2} \sim 10^0$
碳纤维	无	$10^2 \sim 10^3$
聚苯硫醚	AsF_5	10^0

② 电荷转移型聚合物和自由离子化合物是另一类高电子电导性的有机化合物。它们是由电子给予体和电子接受体之间靠电子的部分或完全转移而形成的。

$$D + A \longrightarrow D^{\delta+} A^{\delta-} \quad 电荷转移络合物$$

$$D + A \longrightarrow D^+ A^- \quad 自由基-离子化合物$$

电荷转移络合物在其晶相中是以电子给予体和电子接受体交替紧密堆积的。

$$\cdots DADADADADADADA \cdots$$

它们一般是非常脆的固体，其导电性是通过电子给予体与电子接受体之间的电荷转移而传递电子造成的，因此其电导率具有明显的各向异性，沿着交替堆砌的方向明显要高。

例如，采用聚 2-乙烯基吡啶或者聚乙烯咔唑作为电子给予体，碘作为电子接受体，其中聚 2-乙烯基吡啶-碘已经在高效固体电池 Li-I_2 原电池中得到了实际应用，其电导率约

为 $10^{-1}S/m$，而聚乙烯咔唑-碘的电导率约为 $10^{-2}S/m$。

8.1.3.3 影响导电聚合物导电性的因素

一些结构因素对聚合物的导电性有明显的影响。

① 分子量对聚合物导电性的影响与聚合物的主要导电机理有关。对于电子电导，因分子量增加延长了电子的分子内通道，电导率增大；在分子量较大时与之关系不大，而当分子量降低到一定程度后，由于链端效应，使得聚合物的内部自由体积增大，这时其电导率随着分子量的减小，离子的迁移率增大，电导率增大。

② 结晶和取向使得分子堆积得更加紧密，自由体积减小，离子迁移率下降，而这些绝缘聚合物中主要是离子导电，因此使得绝缘聚合物的电导率下降。如聚三氟氯乙烯结晶度从 10% 提高到 50% 时，电导率下降为原来的 (1/1000)~(1/10)。但是对于电子电导的聚合物正好相反。

③ 交联使得高分子链段的活动性下降，自由体积减小，因而离子电导下降。电子电导则可能因为分子间键桥为电子提供分子间的通道而增加。

④ 杂质使得绝缘聚合物的绝缘性下降。对于绝缘聚合物的载流子大都来自于外部，杂质对其电导率的影响占有十分重要的地位。其中水分的影响更是不容忽视，因为空气湿度对聚合物的影响是普遍存在的问题，因此水分对聚合物导电性提高的影响十分重要。而且，聚合物导电性受湿度影响的程度，还与聚合物的极性和多孔性有关。非极性聚合物是憎水的，表面不受水分润湿，导电性受影响较小；极性聚合物则是亲水性的，尤其是具有多孔性时，吸水性会大大增加，因此导电性受影响更大。

使聚合物表面电阻率不受水分影响，在电信和航空工业上尤为重要。例如航行中的飞机从低温高空突然飞入高湿度气流中，往往会因为机身结冰，使得通信设备的表面电阻降低，可能一时失去作用，因此对于绝缘材料，其表面电阻不受湿度影响是十分重要的。为此防潮防湿性能突出的有机硅树脂常常用于作为表面处理剂使用。

各种添加剂，特别是极性的增塑剂、稳定剂、离子型催化剂、导电的填料等，对导电性也会产生影响。

对于 PE、PS、PTFE 等高绝缘性聚合物来说，残留的催化剂和添加的微量稳定剂等，往往是降低材料绝缘性的主要杂质，为了获得高的绝缘性，需要尽量除去残留的催化剂或者选用高效的催化剂，还需要慎重选用稳定剂等添加剂。

8.1.3.4 导电性聚合物复合材料

导电性聚合物复合材料是在聚合物绝缘体中，加入各类导电性物质，通过分散复合、层积复合、形成表面导电膜等方式构成的材料。导电物质通常为无机粉末或者纤维，如炭黑、金属粉末、金属化玻璃纤维、碳纤维、铝纤维、不锈钢纤维等。几乎所有的聚合物都可以制成导电性聚合物复合材料。这种材料品种繁多，包括各种导电塑料、导电橡胶、导电涂料、导电黏合剂、透明导电薄膜等，在电子工业中已经得到了广泛的应用。

在导电性聚合物复合材料中有一类聚合物 PTC 材料的发展非常迅速。PTC 材料是指材料的电阻率会随着温度的升高而增加的材料，该种材料的电阻或者电阻率会在一定的温度范围内基本保持不变，但当温度提高到一个特定的温度转折点时，材料的电阻率会发生突变，电阻率会迅速增大 $10^3 \sim 10^9$ 个数量级。这与传统的聚合物材料随着温度的升高电阻率会显著下降的趋势恰恰相反。

目前聚合物 PTC 材料一般由结晶性的高分子材料如聚乙烯、尼龙、聚氨酯等与炭黑、石墨等复合而成。聚合物 PTC 复合材料兼有高分子材料重量轻、易于加工及化学稳定性好的性能及半导体金属导电和电阻率可调节的性能。

聚合物基 PTC 复合材料是一种优异的热敏材料，它们可以用于制备面状发热体、发热管及自控温加热电缆，其中加热电缆在技术和市场中已经获得了很大的成功。

8.1.4 聚合物的介电击穿

前面讨论的均是聚合物在弱电场中的行为。在强电场（$10^7 \sim 10^8 \mathrm{V/m}$）中，随着电场强度的进一步升高，电流-电压的关系不再服从欧姆定律，dU/dI 逐渐减小，电流比电压增长得更快，到 $dU/dI = 0$ 时，即使维持电压不变，电流也会继续增大，材料会从介电状态变为导电状态。在高压下，大量的电能迅速释放，使得电极之间的材料局部地被烧毁，这种现象称为介电击穿。$dU/dI = 0$ 处的电压 U_b 称为击穿电压。击穿电压是电介质可以承受的电压极限。

由于一种绝缘体存在一个能长期承受而不被破坏的最大电压，人们引入了介电强度的概念，它是指击穿电压与绝缘体厚度的比值，即材料能承受的最大场强，是高分子绝缘体一项重要的性能指标。

$$E_b = \frac{U_b}{h} \tag{8-17}$$

聚合物的介电击穿按其形成的机理分为以下三类。

（1）本征击穿

在高压电场的作用下，聚合物中微量杂质电离产生离子和少数自由电子，被电场加速而高速运动，当电场高到使之获得了足够的能量时，它们与高分子碰撞，可以激发出新的电子，同时它们又从电场获得能量，并与高分子碰撞产生更多的电子，如此反复，自由电子激增以致电流急剧上升，最终导致聚合物的击穿；或者由于电场达到某一临界值时，原子的电荷发生位移，使得原子间的化学键遭到破坏，电离产生的大量电子直接参与导电，导致材料的电击穿。

（2）热击穿

在高压电场作用下，由于介电损耗所产生的热量来不及散发出去，热量的不断积累使得聚合物的温度不断升高，聚合物的电导率指数增加，电导损耗产生更多的热量，这样恶性循环，导致聚合物的氧化、熔化、焦化等以致发生击穿。

（3）放电引起的击穿

在高压电场作用下，由于聚合物表面和内部缺陷中的气体的介电强度比聚合物本身的介电强度小得多，首先发生电离放电。放电时被电场加速的电子和离子轰击聚合物表面，可以直接破坏高分子的结构，放电放出的热量会导致高分子的热降解，放电产生的臭氧和氮的氧化物会使高分子发生氧化老化。特别是当高压电场是交变电场时，这种放电过程的频率成倍地随着电场频率而增加，反复放电使聚合物所受的破坏不断加深，最后导致击穿。这种击穿造成的击穿通道呈现特征的树枝状。

在实际应用中，聚合物的介电击穿中往往是由于放电引起的击穿最为常见，尤其是当较低电压长时间作用时。

纯粹均匀的固体绝缘聚合物的本征介电强度是很高的，通常超过100MV/m，而具体聚合物试样的实际介电强度，时常会因为各种因素而偏低。聚合物在使用期间会不可避免地发生老化和变质，如降解、应力开裂等，都会形成电学上的弱点，从而严重影响其实际介电强度。

8.1.5 聚合物的静电现象

任何两种物质摩擦或者接触，只要其内部结构中电荷载体的能量分布不同，其各自的表面上就会发生电荷再分配，重新分离后，每一种物质都将带有比摩擦或者接触前过量的正（或负）电荷，这就是静电现象。

8.1.5.1 聚合物的静电现象及其危害

聚合物的静电现象我们都深有体会，寒冷的冬季，我们穿着化纤服装，在握手、开关水管等时经常发生电击现象，脱衣时经常发出放电的响声，在暗处还可以发现辉光，摩擦后的塑料棒或者橡胶棒可以将碎纸片吸附起来，等等。

由于一般聚合物都是良好的绝缘体，一旦带有静电后，其消除很慢，如 PE、PS、PTFE、PMMA 等的静电可以保持几个月。

根据聚合物摩擦起电所带电荷的符号，可以把它们排列成摩擦起电序（见表 8-5），两种聚合物摩擦时，产生的电荷符号，可以按照摩擦起电序来确定，较靠近正端的聚合物带正电。

表 8-5　聚合物的摩擦起电序

尼龙-66	纤维素	醋酸纤维素	有机玻璃	维尼纶	涤纶	聚丙烯腈	聚氯乙烯	聚碳酸酯	聚氯醚	聚偏二氯乙烯	聚苯醚	聚苯乙烯	聚乙烯	聚丙烯	聚四氟乙烯

(+) ———————————————————————→ (一)

即使两种相同的聚合物在剧烈摩擦时也有可能带上静电。例如两根橡皮棒做非对称摩擦时，动棒带正电，反复剧烈摩擦后，就变成带负电了。

静电的集聚，在聚合物的加工和使用过程中造成了种种问题。在合成纤维生产中，静电使得许多工序的进行发生困难。例如腈纶纺丝过程，纤维与导辊摩擦产生的静电，电压可以高达15kV以上，不采取有效的措施消除这些静电，将会使得纤维的梳理、纺纱、牵伸、加捻、织布和打包等工序难以进行。塑料制品在装包装车过程中产生的静电也很大，工人即使戴着纯棉手套，有时甚至也会被产生的静电放电击晕。在绝缘材料生产过程中，由于静电吸附尘埃和其他有害杂质，会使产品的电性能大大下降。

如果气体放电的电场强度按照 4.0MV/m 计算，它相当于表面电荷密度为 $3.6×10^{-5}C/m^2$，也就是说，只要在 $5 \times 10^5 Å^2$（$1Å = 0.1nm$）面积上存在一个电子，所带的电荷就足以引起周围空气的放电，因此由摩擦静电引起的火花放电是非常常见的，如果周围有易燃易爆的气体、蒸气和液体存在，就可能引起火灾甚至爆炸，在化工厂、煤矿等行业杜绝合成纤维制服就是这个道理。

8.1.5.2 静电危害的消除

防止静电危害的发生，可以从抑制静电的产生和及时消除静电两方面考虑。

（1）静电的抑制

通过选择适当的材料，减少静电的产生或者使之相互抵消。例如选择两种以上的材料，使它们在摩擦过程中产生符号相反的电荷而自相抵消；也可以设法减小接触面积、压力和速度，使得摩擦产生的静电荷尽量减少。

（2）静电的消除

绝缘体表面的静电可以通过三种途径消失：①通过空气或者雾气消失；②沿着表面消失；③通过绝缘体体内消失。因此，可以通过三方面措施消除已经产生的静电。

通过空气消除静电，主要依靠空气中相反符号的带电粒子飞来与绝缘体表面的静电中和，或者让带电粒子获得动能而飞散。利用尖端放电原理制成的高压电晕式静电消除器，已经在化纤、薄膜、印刷等生产上应用。在不允许有火花产生的场合，也可以采用辐照气体电离的方法消除静电。

静电沿着绝缘体表面消失的速度随着表面电阻率的增大而减小。增大空气的湿度，可以在亲水性绝缘体的表面消除连续的水膜，加上空气中的 CO_2 和其他电离杂质的溶解，可以大大提高绝缘体表面的导电性，从而大大加速静电的消除。干燥的冬季的静电严重而潮湿夏季的静电很小就是这个道理。

进一步的方法是使用抗静电剂，它们是一些阳离子型或者非离子型表面活性剂，如胺类、季铵盐类、吡啶衍生物和羟基酰胺等。通常用喷涂或者浸涂的方式涂布于聚合物的表面，以提高表面导电性。有时为了延长作用时间，可以将其混入塑料基体中，让其慢慢向表面迁移。纤维纺丝时则采取所谓"上油"的措施，给纤维表面涂上一层具有吸湿性的油剂，这类油剂中常常含有各类多羟基化合物。

静电通过绝缘体内部消失的速度同样依靠体积电阻率的大小，一般当聚合物的体积电阻率小于 $10^7 \Omega \cdot m$ 时，即使产生静电，也会很快消失。为了降低聚合物的体积电阻率，最方便的方法是添加炭黑、金属细粉或者导电纤维制成防静电聚合物材料。

静电也是一把双刃剑。在人们认识到了静电现象的规律后，不只是积极地防止静电的危害，可以合理地利用它来为人类服务，在各行各业中，静电已经越来越多地被利用，如与聚合物静电有关的静电涂覆、静电印刷、静电分离和混合等。

8.2 聚合物的热性能

聚合物的热性能包括耐热性、热稳定性、导热性能和热膨胀性能等。

8.2.1 耐热性

前已述及，玻璃化温度（T_g）和熔点（T_m）是表征聚合物耐热性能的温度参数，此外工业上还有几种耐热性实验，统称为软化点，虽没有实质性的物理意义，但是具有实用性。

通过第 5 章，影响聚合物 T_g 和 T_m 的因素，我们可以知道，要想提高聚合物的耐热性，可以从以下几个方面考虑：①增加聚合物的刚性，例如引入共轭双键、环状结构等。聚乙炔、芳香族聚酯、芳香族尼龙、聚苯醚、聚苯并咪唑、聚酰亚胺等是典型的耐热性高分子材料；②提高聚合物的结晶性，如在高分子链上引入强极性基团或者氢键等；③进行交联。如酚醛树脂、玻璃钢等。

8.2.2 热稳定性

组成聚合物的化学键的键能越大，材料就越稳定，耐热分解能力就越强，实际上耐热性和热稳定性是一个问题的两个方面。为了提高聚合物的热稳定性，可以从以下三个方面考虑。

① 在高分子链中避免弱键。主链中靠近叔碳原子和季碳原子的键较易断裂，故聚合物分解温度的高低为：线性聚乙烯＞支化聚乙烯＞聚异丁烯＞聚甲基丙烯酸甲酯。PVC 中含有 C—Cl 弱键，受热易于脱出 HCl，热稳定性大大降低，所以聚氯乙烯加工和使用过程中都要加入热稳定剂以提高其热稳定性。

② 在高分子主链中避免一长串亚甲基的出现，并尽量引入较大比例的环状结构。

③ 合成梯形、螺形和片状结构的聚合物。梯形和螺形就是主链中有梯形双环结构和螺环结构，片状结构相当于石墨结构，但是这类聚合物的加工性较差。

热重分析（TGA）是研究聚合物热稳定性的最主要的方法。该法利用热天平来跟踪试样在程序升温条件下的质量变化，即热分解情况。可以方便地测得表征聚合物热稳定性的参数热分解温度 T_d。

与金属材料相比，聚合物的热性能尚待大幅度提高，人们一直在致力于耐高温聚合物材料的研发工作。虽然在长期耐高温方面，聚合物还远远不如金属，但是在短期耐高温方面，金属反而不如聚合物材料有优势。聚合物耐烧蚀材料就是典型例子。它由聚合物基体和增强剂构成，是利用聚合物材料（表层）在瞬间高温条件下发生熔融、分解、炭化等物理和化学变化，消耗大量热量，以达到保护内部金属等结构材料的目的。例如当卫星、飞船等空间飞行器重返大气层时与空气摩擦产生大量热量，这些飞行器的表面都涂有这种这种材料以保护内部结构材料。高分子基体树脂一般为酚醛树脂、沥青树脂、硅树脂和环氧树脂等。

8.2.3 导热性

聚合物的导热性都很差，是优良的导热保温材料。表 8-6 列出了一些聚合物的热导率，并与其他几种材料的数据进行了比较。

表 8-6 聚合物的热导率

聚合物	热导率 λ/[W/(m·K)]	聚合物	热导率 λ/[W/(m·K)]
聚丙烯(无规立构)	0.172	聚碳酸酯	0.193
聚异丁烯	0.130	环氧树脂	0.180
聚苯乙烯	0.142	铜	385
聚氯乙烯	1.168	铝	240
聚甲基丙烯酸甲酯	0.193	软钢	50
聚对苯二甲酸乙二酯	0.218	玻璃	约 0.9
聚氨酯	0.147		

8.2.4 热膨胀

与金属材料相比，聚合物的热膨胀系数较大，部分聚合物的热膨胀系数列于表 8-7 中。

表 8-7 典型聚合物的热膨胀系数 (20℃)

聚合物	热膨胀系数/×10^{-5}K^{-1}	聚合物	热膨胀系数/×10^{-5}K^{-1}
软钢	1.1	尼龙-66	9.0
黄铜	1.9	聚碳酸酯	6.3
聚氯乙烯	6.6	聚甲基丙烯酸甲酯	7.6
聚苯乙烯	6.0~8.0	缩醛共聚物	8.0
聚丙烯	11.0	天然橡胶	22.0
低密度聚乙烯	20.0~22.0	尼龙-66+30%玻璃纤维	3.0~7.0
高密度聚乙烯	11.0~13.0		

热膨胀系数大这一特性对塑料的使用性能会产生影响。例如，用高分子材料对其他材料进行表面涂覆或者制备塑料和金属的复合材料时，由于两者膨胀系数的不同会产生弯曲、开裂和脱层问题，必须引起足够的重视。而利用高分子材料热膨胀系数大又具有韧性好的特点，也可以加以利用，例如玻璃管与金属如果直接封接，由于热膨胀系数的不同，很容易造成密封处的断裂，如果利用韧性好的有机硅橡胶作为过渡层，则可以很好地解决这一问题。

8.3 聚合物的透气性

聚合物被气体或者小分子液体透过的性能称为渗透性，如果是被气体或者蒸气透过的性能，则被称为透气性。

聚合物的透气性是由两个因素决定的：一是气体或者蒸气与聚合物的溶解能力；二是气体或者蒸气在聚合物中的扩散能力。

透气性用透过聚合物的气体体积来衡量，它与聚合物的面积、厚度以及透过的时间、扩散速度、气体透过前的压力成比例

$$透过气体体积 = P \times \frac{聚合物面积 \times 时间 \times 压力}{聚合物厚度}$$

这个比例常数 P 称为渗透系数，单位是 cm^2/(s·Pa)。很多渗透物质在高分子中的

渗透系数为 $10^{-11} \sim 10^{-16}\,cm^2/(s \cdot Pa)$。既然透气性与气体在聚合物中的溶解度和扩散速度有关，在简单处理的情况下可以表示为：

$$P = SD \tag{8-18}$$

影响聚合物透气性的因素除了气体在高聚物中的溶解度即扩散系数以外，还有聚合物的堆砌密度、高分子的侧基结构、极性、结晶度、取向、填充剂、湿度和增塑等。例如高结晶度的聚合物透气性小。当然，气体分子本身的尺寸也是非常重要的。

一般来说，聚合物的渗透系数按照弹性体、非晶态塑料、半结晶塑料、结晶塑料的顺序递减。在日常生活中用于碳酸饮料包装的非晶态聚对苯二甲酸乙二酯，要求二氧化碳和水不能流失，而空气中的氧气不能透入。但是气体必然是通过塑料不停地转移掉，即使转移的速度非常慢，也会使软饮料最终走气而失效，因此这些饮料都有保质期。

8.3.1 渗透物质（气体）的分子尺寸对渗透系数的影响

渗透物质的分子尺寸对它在聚合物中的扩散速度起了决定性作用。分子尺寸越大，扩散越慢，渗透系数就越小。

关于液体分子在聚合物中的渗透的例子有隐形眼镜。其镜片材料一般为具有交联网络结构的聚 2-羟基乙基丙烯酸酯和它的共聚物，由于羟基基团的亲水性，它们在水或者盐水中达到热力学溶胀平衡。生理上眼睛需要氧气，而氧气可以溶解在水中，随着水渗透而进入眼球，维持了眼睛的生理需要。

8.3.2 共混物的透气性

共混聚合物经常用于与透气性有关的场合。最简单的例子是几种不同的聚合物组成薄膜，每种聚合物都有对某种气体的渗透性最小的特性。众所周知，食物的保鲜，人们总是希望隔离氧气而让水分透过。如果有一种聚合物被分散到另一种聚合物中形成共混聚合物，则这种共混物的渗透系数就成了两种聚合物渗透系数的加和。

专题讲座之十 解放军淘汰涤纶和涤卡制服

近几十年来，广大解放军战士和武警官兵都是以最挺括的合成纤维材料——涤纶（的确良）和涤纶/棉混纺的涤卡为着装材料的。2006 年 3 月，中国人民解放军和武警官兵换发新装。从此广大解放军官兵告别了合成纤维服装，改为纯毛服装。

曾几何时，人们以穿涤纶（的确良）服装为荣，而今合成纤维服装遇到了前所未有的挑战，人们又开始回归自然，棉、毛、麻、丝绸等天然纤维服装逐渐又成为民用纤维的新宠。其原因固然是多方面的，但是一个不可忽视的原因就是合成纤维服装难以克服的静电问题。尤其是在干旱少雨的冬季，人们经常因为静电在握手、开关水管等接触金属制品时遭到令人心有余悸的电击。

克服静电带给人们的危害，合成纤维的改性和仿真任重道远。

1. 具有明确物理意义的特征温度

① 玻璃化转变温度 T_g：高分子链段由运动到冻结或者反之的温度。

② 黏流温度 T_f：高分子整个分子链开始运动的温度，是非晶高分子材料由固态到流动的温度。

③ 熔点 T_m：晶态高分子材料的熔化温度。

④ 分解温度 T_d：高分子材料分解为小分子的温度，也就是高分子材料的失效温度，有机高分子材料的分解温度与金属材料、无机材料相比较低。

2. 具有实用意义但没有明确物理意义的特征温度

① 脆化温度 T_b：高聚物发生脆性断裂的最高温度，也就是高聚物材料的脆韧转化温度，只要低于这个温度高分子材料就不会发生强迫高弹形变。

② 软化点 T_s：高分子材料由硬变软的温度，是塑料失去使用价值的真正温度。

③ 橡胶的老化温度 T_a：橡胶材料长期使用的最高温度，在这个温度以上，橡胶很容易老化，失去弹性。

3. T_m 和 T_f

T_m 和 T_f 都是高聚物开始流动的温度，前者是由晶态到液态的转化温度，后者是由非晶态到液态的转化温度。

由于至今还没有发现完全晶态的高聚物，所有的晶态高聚物中都有非晶态即玻璃态存在，所以晶态高聚物都具有 T_m 和 T_f 两个特征温度，一般的晶态高聚物的 T_m 都高于 T_f，也就是在晶区熔化之前，其非晶区已经进入黏流态了。但是如果聚合物的分子量太高，会造成其 T_f 高于 T_m 的现象，一般来说，这是不希望的，因为这会增加高分子加工的能量消耗。

4. 各种高分子材料加工和使用温度范围

4.1 塑料的使用温度区间

非晶态塑料如 PS、PMMA、PC 等的使用温度区间是 $T_b \sim T_g$，T_b 和 T_g 差别越大，这种塑料越韧，耐冲击强度越高。PC 与 PMMA 是两个典型的例子。PC 的 T_g 为 150℃，而 T_b 为 −20℃；PMMA 的 T_g 为 100℃，而 T_b 为 9℃。所以 PC 是韧性非常好的塑料，耐冲击强度极高，而 PMMA 则脆性很大，很容易折断、摔碎。

晶态塑料如 PE、PP、尼龙、PET、PAN 等的使用温度区间是 $T_g \sim T_m$。

4.2 塑料材料的加工温度区间

非晶态塑料的加工温度区间是 $T_f \sim T_d$；晶态塑料的加工温度区间是 $T_m \sim T_d$。

4.3 橡胶材料的使用温度区间为 $T_g \sim T_a$。因此 T_g 是塑料使用的最高温度，而是橡胶使用的最低温度。

1 乳胶漆及其聚合物乳液的发展

最早真正实现工业化生产的建筑用乳胶漆是白乳胶，它是以聚乙酸乙烯酯乳液为原料制备的，由于其光泽性和装饰性不好，在内外墙装饰上基本已经被淘汰，后来出现了乙丙乳胶漆，是白乳胶的改性产品，也就是以乙酸乙烯酯和丙烯酸丁酯共聚得到，一定程度上改善了装饰性，但是配方调整的可能性很小，后来出现了到现在仍然广泛采用的苯丙乳液和纯丙乳液，前者是苯乙烯和丙烯酸丁酯的共聚物，主要用于内墙装饰，后者是甲基丙烯酸甲酯和丙烯酸丁酯的共聚物，主要用于外墙装饰，在两种聚合物乳液的合成时还加入了少量的功能单体丙烯酸或者甲基丙烯酸。

苯丙乳液和纯丙乳液由两种性能差别明显的软硬单体共聚得到，配方灵活，光泽性好，装饰性强，为了改善其耐沾污性和耐久性，又出现了有机硅接枝改性的硅丙乳液。

由于以上聚合物乳液均是以热塑性的聚合物材料为成膜物的，其涂膜的性能严重受到温度的影响，容易出现夏天发黏，冬天发硬甚至出现裂纹、裂缝的现象，破坏了乳胶漆的装饰效果，使其逐渐失去了对墙体等材料的保护作用甚至引起脱落损伤，基于改善这些热塑性材料性能的目的，出现了综合性能优异的弹性乳液，即在纯丙乳液或者硅丙乳液的基础上，通过内部或者外部交联，赋予这些乳液像硫化橡胶一样的弹性，大大改善了其综合性能。

2 由乳胶漆用聚合物乳液的发展看高分子物理知识的综合运用

乳胶漆用聚合物乳液的发展体现了高分子物理中很多的知识点。

2.1 高分子的结晶性及光学性能

之所以现在的聚合物乳液都由乙酸乙烯酯类改用了丙烯酸酯类或者苯乙烯，一个重要的原因就是丙烯酸酯类聚合物以及苯乙烯聚合物的高装饰性，这是由于它们的结晶性不强造成的，因为丙烯酸丁酯有一个庞大的酯基，苯乙烯上有一个庞大的苯环侧基，而甲基丙烯酸甲酯上有不对称取代的甲基和酯基，造成其结晶性很低，而结晶度的降低就造成了其透明性的提高，因此这类聚合物乳液的光泽性高，装饰性好。

2.2 高分子链的柔顺性和玻璃化转变温度

乳胶漆用聚合物乳液的合成中采用了乙酸乙烯酯、苯乙烯、甲基丙烯酸甲酯、丙烯酸丁酯、有机硅单体等，按照高分子物理中影响聚合物柔顺性和玻璃化转变温度的因素来考虑，丙烯酸丁酯的侧基是柔性侧基，其碳链越长，越柔顺，玻璃化转变温度越低，因此我们把丙烯酸丁酯称为"软"单体，而甲基丙烯酸甲酯上有不对称取代的甲基和酯基，而苯乙烯上有庞大的苯环侧基，这造成苯乙烯和甲基丙烯酸甲酯聚合物的刚性很大，玻璃化转变温度比较高，故称为"硬"单体，将它们与软单体丙烯酸丁酯复配，通过调节二者比例，就可以得到具有不同柔顺性或者玻璃化转变温度的聚合物乳液，因为无规共聚物的柔顺性和玻璃化转变温度处于两种均聚物玻璃化转变温度之间。而玻璃化转变温度的高低又决定了聚合物乳液最低成膜温度的高低，这样在不同季节不同地方的气候条件下就可以通过简单的配方调整得到不同最低成膜温度的乳液。

而乙酸乙烯酯单体中的乙酰氧基团是中等极性的，不可调。在苯丙乳液和纯丙乳液的基础上对其进行有机硅改性，得到硅丙乳液，一方面是由于有机硅的高耐候性；另一方面是由于 Si—O 单键的高柔顺性，使得硅丙乳液涂膜本身就具有了一定的弹性。也是利用了共聚可以使高聚物兼具各均聚物的特点这一高分子物理的知识点。

2.3　极性和非极性高分子的性质

乙酸乙烯酯聚合物具有中等极性，而苯乙烯是弱极性单体，丙烯酸丁酯和甲基丙烯酸甲酯的极性也不大，有机硅单体的极性更弱，这样苯丙乳液、纯丙乳液、硅丙乳液以及弹性乳液的极性都较弱，这样的聚合物在涂膜后固然具有较好的耐水性和耐擦洗性，但是它们在不同基体上的附着力不好，造成易于剥落的缺陷，因此在这些乳液的合成过程中都加少量的丙烯酸或者甲基丙烯酸等极性单体，以达到耐水性和附着力的完美统一，而在白乳胶的合成中，则不需要加入丙烯酸等极性单体。

2.4　聚电解质的黏度

聚电解质在水溶液中具有不同于其他聚合物溶液的黏度特点，即具有低浓度高黏度的特点，由于电离作用，高分子链上带有相同的电荷，由于相互排斥作用造成高分子链构象由无规线团状变成伸展状，黏度大增，在聚合物水乳液中，虽然其黏度特性不能完全等同于其在水溶液中的情况，但是其低浓高黏的趋势也是存在的，在各种聚合物乳液合成的后阶段降温出料前，都要进行氨水中和反应，黏度就会大增。这从另一方面说明高黏度并不代表高浓度，也就是说我们不能简单由乳胶漆的黏度判断其有效物含量高低，甚至判断其质量的高低，有些不法商人甚至人为增加丙烯酸或者甲基丙烯酸的用量，而大幅度降低其他单体的含量，以达到非法牟利的目的。

2.5　橡胶的弹性

无论是苯丙乳液还是纯丙乳液的主要成分都是热塑性的塑料，难免出现夏天发软甚至发黏，冬天发硬甚至出现微裂纹，直至遭到破坏的问题。这就需要严格控制软硬单体的配比，弹性乳液就是这样应运而生的。我们知道具有弹性的聚合物材料就是橡胶，需要用柔性的高分子材料，并经过硫化交联以后才能获得弹性，否则就会产生永久性的变形。而弹性乳液就是在苯丙乳液或者纯丙乳液的配方基础上，增加软单体即丙烯酸丁酯的含量来实现柔性的目的，然后通过内交联或外交联的形式获得弹性，实现装饰性、弹性、附着力等性能的完美结合，而交联的高分子不溶不熔，因此其耐水性也得到显著提高。随着其聚合工艺的不断成熟，已经成为目前最具发展潜力的乳胶漆用聚合物乳液。

参 考 文 献

[1] 华幼卿，金日光. 高分子物理 [M]. 第 4 版. 北京：化学工业出版社，2013.

[2] 董炎明，朱平平，徐世爱. 高分子结构与性能 [M]. 上海：华东理工大学出版社，2010.

[3] 何曼君，张红东. 高分子物理 [M]. 第 3 版. 上海：复旦大学出版社，2008.

[4] 方征平，王香梅. 高分子物理教程 [M]. 北京：化学工业出版社，2013.

[5] 何平笙. 新编高聚物的结构与性能 [M]. 北京：科学出版社，2009.

[6] 迈克尔·鲁宾斯坦，拉尔夫 H 科尔比. 高分子物理 [M]. 励航泉译. 北京：化学工业出版社，2007.

[7] 张俐娜，薛奇. 高分子物理近代研究方法 [M]. 武汉：武汉大学出版社，2006.

[8] 王槐三，张会旗，侯彦辉. 高分子物理教程 [M]. 第 2 版. 北京：科学出版社，2013.

[9] 姚金水，李梅，乔从德等. 新版《高分子物理》述评 [J]. 高分子通报，2010，(5)：71-73.

[10] 姚金水，乔从德，张献等. 高分子物理与化学中与分子量调节剂有关的概念及其作用 [J]. 高分子通报，2013，(11)：108-110.

[11] 姚金水，李梅，张献等. 高分子物理课程中影响高分子柔顺性因素的教学实践 [J]. 高分子通报，2010，(4)：71-73.

[12] 姚金水，李梅，张献等. 形象教学法在高分子物理教学中的应用 [J]. 高分子通报，2010，(9)：110-112.

[13] 姚金水，李梅，张献等. 由聚合物乳液的发展看高分子物理与化学知识的综合运用 [J]. 大学化学，2011，26(3)：14-16.